先进核科学与技术译著出版工程

系统运行与安全系列

核电站热力工程

〔美〕查尔斯·鲍曼（Charles F. Bowman）

〔美〕赛斯·鲍曼（Seth N. Bowman）　著

孙觊琳　薛若军　译

CRC Press
Taylor & Francis Group

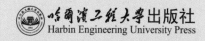

哈尔滨工程大学出版社
Harbin Engineering University Press

黑版贸登字 08 – 2022 – 010 号

Thermal Engineering of Nuclear Power Stations 1st Edition / by Charles F. Bowman, Seth N. Bowman / ISBN：9780367820398

Copyright ⓒ 2021 by CRC Press.
Authorized translation from English language edition published by CRC Press, part of Taylor & Francis Group LLC; All rights reserved.
本书原版由 Taylor & Francis 出版集团旗下 CRC 出版公司出版，并经其授权翻译出版。版权所有，侵权必究。

Harbin Engineering University Press is authorized to publish and distribute exclusively the Chinese (Simplified Characters) language edition. This edition is authorized for sale throughout Mainland of China. No part of the publication may be reproduced or distributed by any means, or stored in a database or retrieval system, without the prior written permission of the publisher.
本书中文简体翻译版授权由哈尔滨工程大学出版社独家出版并仅限在中国大陆地区销售。未经出版者书面许可，不得以任何方式复制或发行本书的任何部分。

Copies of this book sold without a Taylor & Francis sticker on the cover are unauthorized and illegal.
本书封面贴有 Taylor & Francis 公司防伪标签，无标签者不得销售。

图书在版编目(CIP)数据

核电站热力工程/孙凯琳,薛若军译;(美)查尔斯. 鲍曼（Charles F. Bowman），（美）赛斯. 鲍曼（Seth N. Bowman）著.—哈尔滨：哈尔滨工程大学出版社，2023.3
书名原文：Thermal Engineering of Nuclear Power Stations
ISBN 978 – 7 – 5661 – 3526 – 1

Ⅰ．①核… Ⅱ．①孙… ②薛… ③查… ④赛… Ⅲ．①核电站 – 热力系统—研究 Ⅳ．①TM623.8

中国版本图书馆 CIP 数据核字（2022）第 244058 号

◎选题策划　石　岭 ◎责任编辑　丁　伟 ◎封面设计　李海波

出版发行　哈尔滨工程大学出版社
社　　址　哈尔滨市南岗区南通大街 145 号
邮政编码　150001
发行电话　0451 – 82519328
传　　真　0451 – 82519699
经　　销　新华书店
印　　刷　黑龙江天宇印务有限公司
开　　本　787 mm×1 092 mm　1/16
印　　张　14.75
字　　数　383 千字
版　　次　2023 年 3 月第 1 版
印　　次　2023 年 3 月第 1 次印刷
定　　价　128.00 元
http://www.hrbeupress.com
E-mail：heupress@ hrbeu.edu.cn

序

　　随着核电工业的长期发展与成长,具有丰富经验的老一代设计、运行与维护工程师陆续退休,那些丰富的经验与技术也随之一同退出了核电的舞台。本书的主要作者查尔斯·鲍曼就是这样的一位工程师。他毕业于田纳西大学并获得了机械工程硕士学位,以讲师的身份留校任教。他在田纳西河流域管理局(TVA)工作了28年,参与了7台核电机组的设计,逐步由一名普通工程师成长为技术主管,进而成为一名热力学专家,并为TVA的所有在役核电机组提供技术支持。2019年,他成立了以自己名字命名的公司——Chuck Bowman Associates,该公司服务于电力行业,专门从事发电循环及相关领域的热力学性能分析,包括换热器、冷却塔、喷淋池、冷却湖等设备。本书旨在向核电新人传授作者50多年来在核电站汽水循环及其配套系统中,热力学领域的相关知识和设计运行经验。

　　汽水循环及其配套系统是指在核蒸汽供应系统之外,将热能转化为电能所配置的大量复杂的工艺系统。这些系统是核电站的一部分,通常以同样的标准由同一供应商进行建设。这部分系统可能与核安全相关,也可能无关,由建筑工程公司进行设计与建造。由于不同的核电站具有不同的现场条件及设计理念,该部分的设计内容通常差异很大。虽然提供核蒸汽供应系统的供应商通常提供对核电站的持续技术支持,但建筑工程公司不会长期向核电业主提供该项服务。

　　尽管核电站提供了专门针对汽水循环及其配套系统的培训,但通常无法全面覆盖机械设计、日常运行及维护中所遇到的实际问题。在许多情况下,当新旧工程师进行工作交接时,由于移交过程过于短暂,新任工程师难以获得前任工程师积攒的大量经验。本书所培训的范围包括整个核电站的配套系统热力学工程,从作为动力来源的蒸汽输送,到做功后废汽热量的释放等。本书所列举的案例问题在实际运行中均有可能发生,新工程师可按照本书所提供的逻辑进行操作。

译 者 序

长期以来,核动力装置、核动力设备、核动力装置热力分析都是不同的学科分支。在对核动力装置汽水回路进行分析时,常需要对三门学科进行有机综合,但是缺乏一体化介绍汽水循环系统、设备和热力分析的工具与教科书。查尔斯·鲍曼教授与赛斯·鲍曼教授基于多年的核动力装置运行与建设经历,总结了汽水循环系统设备与热力分析经验,形成了本书。本书从设备结构、系统组成方面对汽水循环系统中各主要系统设备进行了描述,并介绍了热力分析的计算方法,在内容上和逻辑上实现了学科的综合,对于具有一定核工程专业基础并从事汽水循环系统研究与设计的人员来说是一本不可多得的工具书。

由于原著是美籍教授编写,因此原文中大量使用了英制单位与美国标准。大部分单位在编译过程中已经转化为国内法定的公制单位,部分标准的引用保持了参考文献中的原样并注明了单位。同时,为了方便使用,部分通用的标准已经替换成了国内可查询的公开标准,方便读者查询与计算。

全书共 20 章,主要内容是核电站汽水循环系统中主要系统设备的介绍及热力分析算法,哈尔滨工程大学的孙觊琳副教授进行了前 18 章的编译工作,薛若军教授进行了后 2 章以及全书算例的编译工作。全书由孙觊琳统稿,薛若军校对。

本书在编译过程中,收到了孙博工程师以及石江武、陈磊等研究生的大量反馈与修改意见,并得到了哈尔滨工程大学出版社、哈尔滨工程大学核动力仿真研究中心同事的帮助与指导,受益匪浅,在此一并表示衷心的感谢。

由于译者水平有限,书中错误和不妥之处在所难免,恳请读者批评指正。

孙觊琳　薛若军

2023 年 1 月

缩略语列表

AE	architect engineering	建筑工程
AEC	Atomic Energy Commission	美国原子能委员会
AF	asymptotic fouling	渐近型污垢
ARM	additive resistance method	附加热阻法
ASME	American Society of Mechanical Engineers	美国机械工程师学会
AWBT	ambient wet-bulb temperature	环境湿球温度
AWHX	air-to-water heat exchanger	空气－水换热器
AWS	ambient wind speed	环境风速
BFN	Browns Ferry Nuclear	布朗渡口核电站
BOP	balance of plant	汽水循环及配套系统
BWR	boling water reactor	沸水堆
CAC	containment air cooling units	安全壳空气冷却装置
CTSA	cooling tower simulation algorithm	冷却塔仿真算法
CCW	condenser circulating water	凝汽器循环水
CGS	Columbia Generating Station	哥伦比亚发电站
CTI	Cooling Tower Institute	美国冷却塔协会
CV	control volume	控制体积
CWT	cold water temperature	冷水温度
DCA	drain cooler approach	疏水冷却器温差
DP	dew-point	露点
dP	pressure drop	压降
ECC	Ecolaire Condenser Company	Ecolaire 凝汽器公司
ELEP	expansion line end point	（透平）膨胀线终点
EPRI	Electric Power Research Institute	电力研究所
FACTS	fast analysis cooling tower simulator algorithm	冷却塔快速仿真算法
FBSP	flatbed spray pond	平板喷淋池
FFW	final feedwater	最终给水
GLLVHT	generalized longitudinal, lateral, and vertical hydrodynamic and transport model	广义纵向、横向和垂直水动力学输运模型
HB	heat balance	热平衡
HDRA	high-density raceway aquaculture	高密度循环流水养殖
HEI	Heat Exchange Institute	美国换热器协会
HP	high-pressure (turbine)	高压(透平)
HRS	heat rejection system	散热系统

HWT	hot water temperature	热水温度
HX	heat exchanger	换热器
L/G	liquid to gas	液汽比
LP	low-pressure (turbine)	低压(透平)
LMTD	log mean temperature difference	对数平均温差
LWBT	local wet-bulb temperature	局部湿球温度
MDCT	mechanical draft cooling tower	机械通风冷却塔
MFP	main feedwater pump	主给水泵
MSR	moisture separator reheater	汽水分离再热器
NDCT	natural draft cooling tower	自然通风冷却塔
NPSH	net positive suction head	汽蚀余量
NRC	Nuclear Regulatory Commission	美国核管理委员会
NSSS	nuclear steam supply system	核蒸汽供应系统
NTU	number of transfer units	传热单元数
OSACT	oriented spray-assisted cooling tower	定向辅助喷淋冷却塔
OSCS	oriented spray cooling system	定向喷淋池
PEPSE	Performance Evaluation of Power System Efficiencies	电力系统效率性能评价程序
PF	power factor	功率因数
PHX	plate heat exchanger	板式换热器
PSM	power spray modules	动力喷淋模块
PWR	pressurized water reactor	压水堆
RBCU	reactor building cooling units	反应堆厂房冷却装置
RH	relative humidity	相对湿度
R－M	Ranz and Marshall	兰兹－马歇尔模型
RTD	resistance temperature detector	电阻式温度传感器
SG	steam generator	蒸汽发生器
SW	service water	厂用水
TA	tilt angle	倾斜角
TEMA	Tubular Exchange Manufacturers Association	美国管式换热器制造商协会
TG	turbine-generator	汽轮发电机
TTD	terminal temperature difference	末端温差
TVA	Tennessee Valley Authority	田纳西河流域管理局
UEEP	utilized energy end point	能量利用终末点
UHS	ultimate heat sink	最终热井
USDA	United States Department of Agriculture	美国农业部
UTSG	U-tube Steam Generator	自然循环式蒸汽发生器
VWO	valves wide open	阀门全开
WBNP	Watts Bar Nuclear Plant	Watts Bar 核电站
WBT	wet-bulb temperature	湿球温度
WHEP	waste heat energy park	废热利用园区

目　　录

第1章 汽水循环系统热力学

1.1 汽 水 循 环

汽水循环负责将反应堆中由核裂变产生的热能输出并转化为电能。除透平和发电机外,该循环还包括汽水分离再热器、主凝汽器、给水加热器等设备,以及相关的阀、泵、管道及附件。核电站的热力循环是朗肯循环。图1.1所示为不包含再热与回热的基本朗肯循环,其工作过程如下:

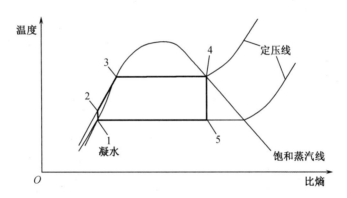

1—2:凝水泵、给水泵将主凝汽器中的凝水加压输送至蒸汽发生器;2—3:给水在蒸汽发生器中受热并达到饱和状态;

3—4:饱和给水在蒸汽发生器中汽化为饱和蒸汽;4—5:饱和蒸汽通过透平膨胀并向外做功;

5—1:乏汽通过主凝汽器凝结为凝水。

图1.1 不包含再热和回热的基本朗肯循环

图1.2给出了基本朗肯循环的热力学效率,其中熵定义为

$$dS = \left(\frac{\delta Q}{T}\right)_{rev} \Rightarrow \delta Q = T dS \tag{1.1}$$

式中 δQ——熵变过程中引入的热量变化;

T——物质的热力学温度;

S——熵;

下标 rev——可逆过程。

效率可以表示为

$$\eta_{th} = \frac{W}{Q_H} = \frac{W}{W + Q_L} \tag{1.2}$$

式中　　η_{th}——热力学效率；

　　　　W——做功；

　　　　Q_H——循环吸收的总热量；

　　　　Q_L——循环排出的热量。

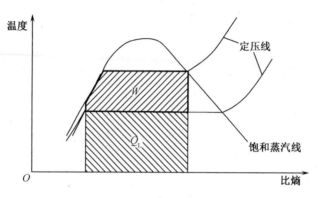

图1.2　基本朗肯循环的热力学效率

为了提高朗肯循环的热效率，可添加如图1.3所示回热设备。给水加热器是最常见的回热设备，其利用抽取流经透平的一部分蒸汽，加热凝水或给水，并最终返回蒸汽发生器（或沸水堆的反应堆）。很明显，进入给水加热器的热量并未进入主凝汽器，而是返回蒸汽发生器，因此抽出蒸汽做功的效率相当于100%。理论上，回热级数设置越多，朗肯循环的效率越高。但实际上，受限于经济因素，大多数核电站仅设置五至七级回热。

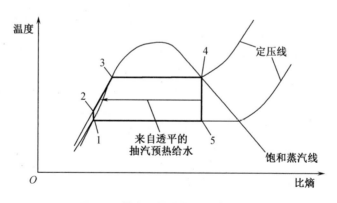

图1.3　带有回热设备的朗肯循环

一些核电站安装的直流式蒸汽发生器能够产生过热的蒸汽。由于进口蒸汽温度较高，因此装置的效率更高（见图1.4）。其原因是

$$\frac{W'}{Q'_L} > \frac{W}{Q_L} \tag{1.3}$$

采用自然循环蒸汽发生器的核电站，其热力循环从饱和蒸汽进入透平（图1.3中点3）开始。如果湿蒸汽直接在高压透平和低压透平中膨胀，则低压透平排汽处的蒸汽湿度过

高,会损坏低压透平叶片。大多数核电站通过机械方式去除高压透平排汽的水分,该设备就是汽水分离器。从蒸汽中分离出的水分往往作为给水被输送到蒸汽发生器中。如图 1.5 所示,离开汽水分离器后,基本干燥的蒸汽在一个或多个再热器中进行再热,热源为新蒸汽,使进入低压透平的蒸汽稍稍过热。这种再热过程不会使朗肯循环效率提升,但会降低低压透平排汽中的水分,使低压透平叶片更高效,更不容易损坏。

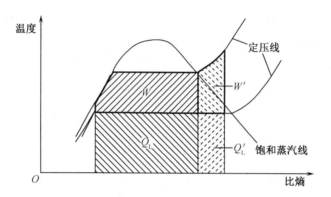

图 1.4　安装直流式蒸气发生器的朗肯循环(提高进口蒸汽温度能够有效提高装置的热效率)

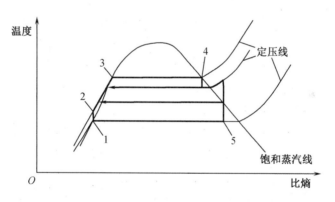

图 1.5　带有回热与再热设备的朗肯循环

1.2　本 章 算 例

参考图 1.1,在朗肯循环中,蒸汽离开蒸汽发生器,在 4 000 kPa(a)①的饱和压力下进入透平做功。蒸汽在等熵过程中膨胀至冷凝器的压力为 3.0 kPa(a)。给水经过主给水泵的焓升为 1.8 kJ/kg,试确定循环的热效率。(提示:因为没有给出质量流量,所以要按单位质量计算功和换热量)

---

① "(a)"表示绝对压力。

3

$$\eta_{th} = \frac{W}{Q_H} = \frac{w}{q_H} = \frac{(h_4 - h_5) - (h_2 - h_1)}{h_4 - h_2}$$

式中 q_H——单位流量的工质吸收的热量;

 h——比焓;

 w——单位工质的输出功。

查询知水和水蒸气物性参数在 4 000 kPa 下的比焓、比熵分别为(原书采用 ASME 水和水蒸气物性参数表进行计算。译者以目前更常用的 IAPWS – IF97 标准软件进行计算,后文一致。可采用算法相同的软件进行验证):

$$h_4 = 2\ 800.9\ \text{kJ/kg}, \quad s_4 = 6.069\ 7\ \text{kJ/(kg · K)}$$

$$s_5 = s_4 = 6.069\ 7\ \text{kJ/(kg · K)}$$

$$s_1 = s_f = 0.354\ 3\ \text{kJ/(kg · K)}$$

式中 s——比熵;

 s_f——3.0 kPa 下的饱和水比熵。

$$x = \frac{s_5 - s_f}{s_g - s_f} = \frac{6.069\ 7 - 0.354\ 3}{8.576\ 6 - 0.354\ 3} \approx 0.695\ 1$$

式中 s_g——3.0 kPa 下的饱和汽比熵。

$$w_P = h_2 - h_1 = 1.8\ \text{kJ/kg}$$

$$h_1 = h_f = 101.0\ \text{kJ/kg}$$

$$h_2 = h_1 + w_P = 101.0 + 1.8 = 102.8(\text{kJ/kg})$$

$$h_5 = h_f + x(h_g - h_f) = 101.0 + 0.695\ 1 \times (2\ 544.9 - 101.0) \approx 1\ 799.8(\text{kJ/kg})$$

式中 h_f、h_g——3.0 kPa 下的饱和水、饱和汽比焓。

$$w_T = h_4 - h_5 = 2\ 800.9 - 1\ 799.8 = 1\ 001.1(\text{kJ/kg})$$

$$q_H = h_4 - h_2 = 2\ 800.9 - 102.8 = 2\ 698.1(\text{kJ/kg})$$

$$\eta_{th} = \frac{w}{g_H} = \frac{w_T - w_P}{q_H} = \frac{1\ 001.1 - 1.8}{2\ 698.1} \times 100\% \approx 37.0\%$$

第2章 给水汽化设备

2.1 沸 水 堆

沸水反应堆(简称沸水堆)是一种轻水反应堆。给水从压力最高的给水加热器流出后,直接通过反应堆中的燃料棒缝隙,被裂变放出的热量加热。给水被加热到反应堆运行压力(约6 895 kPa)下的饱和温度,湿蒸汽通过设置在反应堆容器顶部的汽水分离器进行干燥,疏水落回反应堆。经过分离的蒸汽干度约为99.75%,蒸汽通过主蒸汽管道送入高压透平。尽管沸水堆被多次证实是一种可靠的堆型,但其显著缺点是通过循环的蒸汽、凝水和给水都具有放射性,因此在运行、维护过程中,在透平厂房内的工作需要特别的防护。

沸水堆的功率调节通过控制棒从堆芯下方插入或抽出堆芯来完成。流经堆芯的流量通过反应堆再循环系统调节。反应堆再循环系统通过改变再循环泵的转速或流量控制阀来调节流量。反应堆压力由高压透平进汽控制阀控制,水位由给水控制系统控制。

评估朗肯循环的重要参数之一是循环耗能。图2.1所示为沸水堆热量需求的计算示意图。

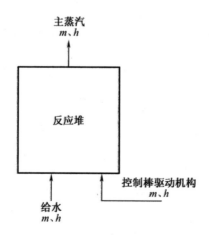

图2.1 沸水堆热量需求的计算示意图

朗肯循环所消耗的能量,是以主蒸汽流形式输出的能量减去给水所具有的能量和控制棒驱动机构消耗的能量,即

$$Q_i = m_{MS} h_{MS} - m_{CRD} h_{CRD} - m_{FFW} h_{FFW} \qquad (2.1)$$

$$m_{FFW} = m_{MS} - m_{CRD} \tag{2.2}$$

$$Q_i = m_{FFW}(h_{MS} - h_{FFW}) + m_{CRD}(h_{MS} - h_{CRD}) \tag{2.3}$$

式中　Q_i——输入的热功能；

　　　m_{MS}——蒸汽的质量流量；

　　　h_{MS}——蒸汽的比焓；

　　　m_{CRD}——控制棒驱动机构流量；

　　　h_{CRD}——控制棒驱动机构用水焓；

　　　m_{FFW}——给水流量；

　　　h_{FFW}——给水焓。

　　控制棒驱动系统负责移动控制棒并向主循环泵轴封提供冷却水。冷却水来自主凝汽器,因此即使在大修期间,控制棒驱动系统内的水焓也会随着凝汽器热井中的水温及饱和焓值的变化而在一个较大的范围内变化。

　　因此,采用控制棒驱动系统的水焓计算反应堆功率会引入较大的偏差,通常避免采用这种算法。

2.2　压　水　堆

　　压水反应堆(简称压水堆)是广泛应用的轻水反应堆,其汽化设备是蒸汽发生器,本质上是介于反应堆与高压透平之间的中间热交换器。给水来自压力最高的给水加热器,在通过蒸汽发生器时汽化。压水堆的最大优点是通过循环的蒸汽、凝水和给水不具有放射性,厂房内的运行与维护相对简单。因此,目前大部分核电站采用压水堆堆型。

　　以自然循环式蒸汽发生器(UTSG)为例,反应堆主冷却剂在高压(通常约为 15 MPa)下通过堆芯收集裂变热,并将主冷却剂加热至约 318 ℃。当主冷却剂循环至蒸汽发生器时,将所携带的热量传递至给水,给水在蒸汽发生器的工作压力下被加热至饱和温度并汽化。自然循环式蒸汽发生器通常是一个垂直头向下的 U 形换热器,包含数千根换热管,周围设挡板迫使给水在管束间流动。高温高压的主冷却剂流经蒸汽发生器的管侧,来自堆芯和主泵的热量被传递到壳侧的给水。当给水受热汽化时,蒸汽泡在管外出现并上升。在管束的上方维持一定高度的饱和水,湿饱和蒸汽通过旋叶式分离器和顶部波纹板分离器进行除湿,提高蒸汽品质。最终,干度约为 99.75% 的主蒸汽进入高压透平。

　　由于管板附近的腐蚀或凹痕,以及传热管外壁上的污染物(如铜)、腐蚀产物(如铁和铜氧化物)、可溶性盐(如硅酸盐和硫酸盐),蒸汽发生器传热管的导热能力会随时间的推移而退化。图 2.2 所示为蒸汽发生器传热管外侧可能出现的污垢图像,目前大多数核电站已经尽力消除蒸汽发生器二次侧的铜元素。在大修期间,需要对传热管进行涡流检测,若发现可能存在的漏点,将堵塞其所在的传热管,防止放射性物质污染二回路蒸汽。若漏点过多,则必须替换新的蒸汽发生器。蒸汽发生器的压力由高压透平的进汽控制阀控制,液位由给水控制系统控制。

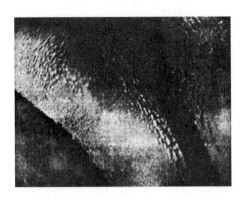

图 2.2　蒸汽发生器传热管外侧可能出现的污垢图像

图 2.3 所示为计算压水堆朗肯循环耗能所需要的简化示意图。

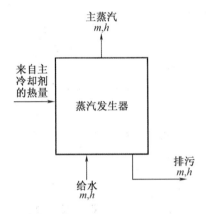

图 2.3　计算压水堆朗肯循环耗能所需要的计算参数示意图

对于压水堆,朗肯循环中的能量需求是以主蒸汽和排污水携带走的能量减去来自给水的能量:

$$Q_i = m_{MS} h_{MS} + m_{SGB} h_{SGB} - m_{FFW} h_{FFW} \tag{2.4}$$

$$m_{FFW} = m_{MS} + m_{SGB} \tag{2.5}$$

$$Q_i = m_{MS}(h_{MS} - h_{FFW}) + m_{SGB}(h_{SGB} - h_{FFW}) \tag{2.6}$$

式中　下标 SGB——排污。

在计算反应堆总功率时,需要在上述基础上考虑主泵所消耗的能量。

传递进入循环的能量,是蒸汽发生器一次侧工质与二次侧工质间的总传热系数 U、对数平均温差 LMTD 的函数,即

$$Q = U \cdot A \cdot \text{LMTD} \Rightarrow U = \frac{Q}{A \cdot \text{LMTD}} \tag{2.7}$$

式中　U——总传热系数;

　　　A——参考换热面积;

　　　LMTD——对数平均温差,计算方法如下:

$$\text{LMTD} = \frac{T_\text{h} - t_\text{c}}{\ln \dfrac{T_\text{h} - t_\text{sat}}{t_\text{c} - t_\text{sat}}} \tag{2.8}$$

式中 T_h——热侧进口温度；

t_c——冷侧进口温度；

t_sat——饱和温度。

如果产生污垢，则 U、t_sat 的值会降低，相应的饱和压力也会降低。在某些情况下，由于污垢的清理与冲击，可以观察到蒸汽发生器的压力在大修后有所升高。然而，长期的趋势仍是蒸汽发生器随服役年限的增加，压力逐渐降低，如图2.4所示。

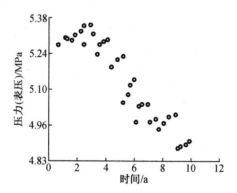

图2.4　蒸汽发生器压力随服役年限的变化

2.3　本 章 算 例

参考图2.3，在5 000 kPa(a)的压力和175.0 ℃的温度下，流入压水堆蒸汽发生器的给水流量为1 200 kg/s。蒸汽发生器在4 500 kPa(a)的压力下运行，排出的饱和蒸汽质量含汽率为99.98%，排污流量为2 kg/s。反应堆冷却剂从反应堆泵送到蒸汽发生器时，由于主泵做功，热量增加15 000 kW。试确定反应堆产生的热量。

$$Q_\text{i} = m_\text{MS} h_\text{MS} + m_\text{SGB} h_\text{SGB} - m_\text{FFW} h_\text{FFW}$$

$$m_\text{MS} = m_\text{FFW} - m_\text{SGB} = 1\ 200 - 2 = 1\ 198(\text{kg/s})$$

查询水和水蒸气物性参数，有

$$h_\text{MS} = 2\ 797.7\ \text{kJ/kg}, \quad h_\text{SGB} = 1\ 122.1\ \text{kJ/kg}, \quad h_\text{FFW} = 743.3\ \text{kJ/kg}$$

$$Q_\text{i} = m_\text{MS} h_\text{MS} + m_\text{SGB} h_\text{SGB} - m_\text{FFW} h_\text{FFW}$$

$$= 1\ 198 \times 2\ 797.7 - 2 \times 1\ 122.1 - 1\ 200 \times 743.3 \approx 2.457 \times 10^6 (\text{kW})$$

反应堆输入功率为换热量减去主泵的加热功率，即

$$P_\text{reactor} = 2.457 \times 10^6 - 15\ 000 \approx 2.442 \times 10^6 (\text{kW})$$

第3章 高压透平

3.1 高压透平进汽调节阀

高压透平进汽调节阀负责调节通过高压透平的主蒸汽流量,进而控制反应堆功率。设计时,其尺寸理论上应能通过额定的主蒸汽流量,产生100%的反应堆功率。但在此状态下,进汽调节阀不能完全打开,应在全功率运行时维持一定的调节裕度。然而,在压水堆中,如果蒸汽发生器传热管外壁存在污垢,一次侧和二次侧之间的传热减弱,将导致蒸汽发生器压力降低。如图3.1所示,在污垢增加到某个时刻时,只有高压透平进汽调节阀完全打开才能保证进汽流量。这意味着污垢如果继续增加,那么反应堆不能满功率运行,需要更换蒸汽发生器。

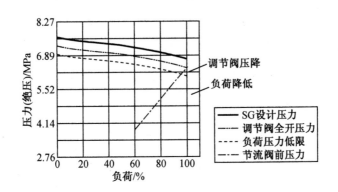

图3.1 压水堆蒸汽发生器压力与高压透平进汽调节阀压力随负荷的变化情况

不同的透平供应商提供了不同的进汽调节阀设计。美国通用电气等大多数公司提供全周进汽设计,而西屋公司则提供部分进汽设计。

图3.2显示了全周进汽高压透平结构简图。在全周进汽的情况下,蒸汽从所有阀门同时进入高压透平的一级喷嘴,在各负载水平下,所有通过一级喷嘴的蒸汽都是平行流动的。这种设计需要更多的节流设施,如果透平在低于阀门全开的条件下运行,就会导致更高的节流损失。图3.3显示了部分进汽高压透平结构简图。采用部分进汽时,随着负荷的增加,阀门一个接着一个打开,蒸汽仅进入高压透平一级喷嘴的一部分,从而蒸汽完全流过这部分一级喷嘴,较少或没有流过其他喷嘴。由于进汽阀门开度较大,因此这种设计的节流损失较小。但当叶片交替经过吸入蒸汽和不吸入蒸汽的喷嘴时,叶片的周期性负荷会增大。

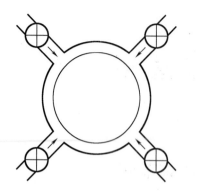 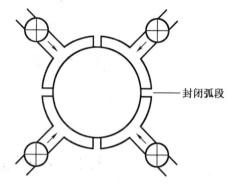

图3.2 全周进汽高压透平结构简图（来自 Kenneth C. Cotton 在透平性能研讨会上的讲稿）　　**图3.3 部分进汽高压透平结构简图（来自 Kenneth C. Cotton 在透平性能研讨会上的讲稿）**

3.2　高压透平本体

尽管通过高压透平进汽调节阀时蒸汽有一定的压降，但通过该阀的主蒸汽是绝热过程，因此焓不变。图3.4 给出了通过高压透平的主蒸汽在比焓－比熵图中的膨胀过程。接近饱和的蒸汽首先通过高压透平的进汽调节阀膨胀。如果高压透平的效率为100%，蒸汽将以可逆绝热的方式膨胀，膨胀过程保持比熵恒定。然而，只有一部分能量用来做功，其他能量在比熵增加的过程中增加了分子的无序热运动。

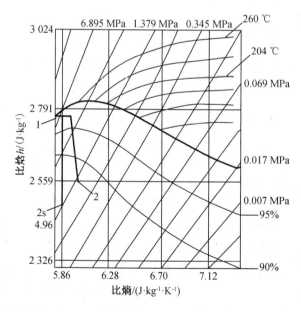

图3.4 高压透平的主蒸气在比焓－比熵图中的膨胀过程

高压透平的效率定义为

$$\eta_{\text{turbine}} = \frac{w_{\text{actual}}}{w_{\text{isentropic}}} = \frac{h_1 - h_2}{h_1 - h_{2s}} \tag{3.1}$$

式中　　η_{turbine}——高压透平的效率；

　　　　w_{actual}——实际比功率；

　　　　$w_{\text{isentropic}}$——绝热焓降情况下的理想比功率；

　　　　h_{2s}——焓值。

在已知蒸汽流量和高压透平效率的情况下，可以计算高压透平所做的功。

如图 3.5 所示，当阀门未被完全打开或完全关闭时，部分进汽结构的透平处于最佳效率点。全周进汽由于所有进汽阀门均被节流，在非满负荷时效率相对较低。但当所有阀门都关闭或打开时，全周进汽透平的效率较高。

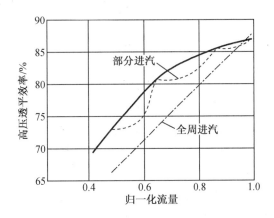

图 3.5　高压透平效率对比（来自 Kenneth C. Cotton 在透平性能研讨会上的讲稿）

图 3.6 所示为美国西屋公司设计的高压核蒸汽透平上半部分的剖视图，该透平为双流式机组，采用部分进汽结构设计，在一级叶片的设计中体现。蒸汽首先进入两个配汽装置（蒸汽流动的每个方向各一个），这些配汽装置将蒸汽分布在透平静子及外壳（透平的静止部分）周围。随后蒸汽通过喷嘴分配到叶片的第一级，该级附在透平转子（透平的运动部件）上。在西屋公司的设计中，第一级是冲动级。

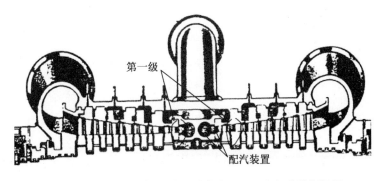

图 3.6　西屋公司设计的高压核蒸汽透平上半部分的剖视图

图 3.7 所示为冲动级叶片结构,视角为叶片在平面上展开。在设计中,当蒸汽的内能(压力)转化为动能(速度)时,整体压降发生在固定喷嘴中,动能被转移到旋转叶片(转子)上。当蒸汽通过喷嘴时冲击叶片,速度被耗尽,就像在叶片上推了一下。当蒸汽速度是动叶片速度的 2 倍时,可实现做功最大。第一级叶片后的蒸汽压力称为第一级压力。第一级叶片以后的蒸汽设计为反动叶片,通过透平的其余部分蒸汽及所做功大致与第一级成比例,因此第一级压力在核动力装置热力分析中是一个非常重要的参数。

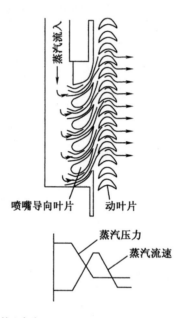

图 3.7　冲动级叶片结构(来自 Kenneth C. Cotton 在透平性能研讨会上的讲稿)

图 3.8 给出了第一级是冲动级的透平叶片前的形式,可认为它是一系列孔的集合。透平的通流能力按以下方法确定:

$$m = k\sqrt{\dfrac{p_{\text{first stage}}}{v_{\text{first stage}}}} \tag{3.2}$$

式中　m——质量流量;

　　　k——透平通流系数;

　　$p_{\text{first stage}}$——第一级压力;

　　$v_{\text{first stage}}$——第一级比体积。

扩展至更多的工况:

$$v_{\text{first stage}} \approx \dfrac{1}{p_{\text{first stage}}} \tag{3.3}$$

因此有

$$m \approx k p_{\text{first stage}} \tag{3.4}$$

由于机组出力与流量成正比,因此第一级压力是机组负荷计算的重要指标,应进行详细分析。

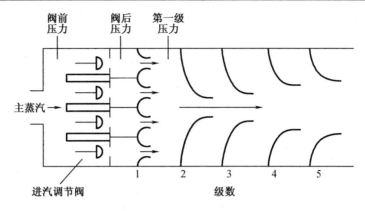

图 3.8　第一级是冲动级的透平叶片前的形式
（来自 Kenneth C. Cotton 在透平性能研讨会上的讲稿）

采用全周进汽设计时,蒸汽首先进入配汽装置,将蒸汽分布在透平外壳周围。然后,蒸汽通过喷嘴分配至第一级叶片,这与西屋公司的设计相同,但其第一级叶片设计为与其他叶片级相似的反动叶片,如图 3.9 所示。在全周进汽设计中阀后压力类似于西屋公司设计的第一级压力。

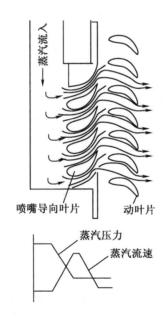

图 3.9　反动级叶片结构(来自 Kenneth C. Cotton 在透平性能研讨会上的讲稿)

在反动叶片设计中,蒸汽在静叶和动叶都会产生压降,较低的流体速度能够提高效率。但是,由于动叶片上存在压降,因此叶片尖端周围的泄漏值得关注。

在透平验收试验中,实测的第一级压力通常高于供应商热平衡图上显示的设计值。原因是,交付时透平实际的动叶片和静叶片之间的间隙通常更紧密(即设计时预留裕度)。其他可能的原因是第一级后的其他级喷嘴由于腐蚀(仅是冲动式叶片设计)造成堵塞,从而引

13

起压力升高,或蒸汽流速过快(如反应堆功率高于显示)。第一级压力低的可能原因是喷嘴和叶轮叶片的腐蚀、透平密封退化、汽水分离不良、蒸汽湿度过高以及反应堆功率小于显示值(可能是沸水堆给水喷嘴结垢)。

如图3.10所示,透平的每一级都设计为流过特定流量的形式。

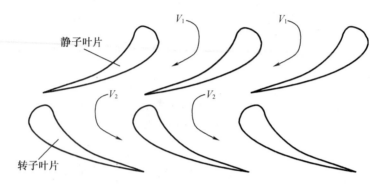

图3.10 透平的每一级都设计为流过特定流量的形式(来自 Kenneth C. Cotton 在透平性能研讨会上的讲稿)

如图3.11所示,当透平以设计值以外的体积流量运行时,蒸汽流量失配导致级效率降低。图3.12显示了具有交替静叶片和动叶片的透平的横截面。高压透平的叶片由围带环绕包裹。固定透平壳体在静子和转子之间的接口处有叶缘汽封,以减少静叶片和动叶片尖端周围的泄漏。

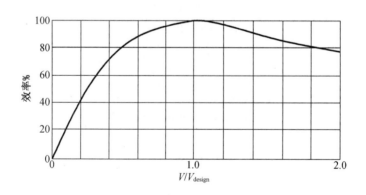

图3.11 级效率随容积流量的变化曲线

传统叶片设计成直的,蒸汽流均匀地流过叶片[图3.13(a)]。当前更先进的计算机建模开发了先进的流型叶片,蒸汽集中在叶片中心和远离叶尖的位置。这种设计可使叶片端部泄漏减少,提高叶片级的效率。

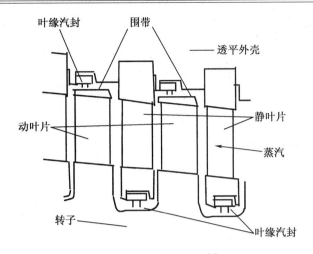

图 3.12 透平的横截面[1]

图 3.13(b)显示了先进的流型叶片设计。叶片沉积物堆积和叶片侵蚀是透平叶片级效率降低的潜在原因,如图 3.14 和图 3.15 所示。这些问题在核透平机组中并不像在燃煤机组中那么普遍。然而,大多数核电站凝给水系统中存在铜,设计人员与运行维护人员试图努力消除,避免透平叶片上铜的积累。通常只有在进汽湿度过高的情况下,此种铜的腐蚀才是一个较为严重的问题。

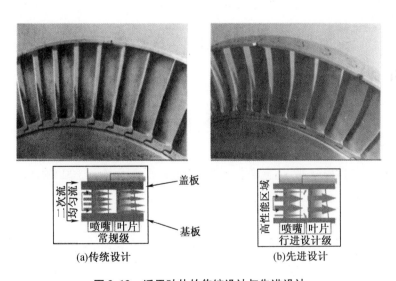

图 3.13 透平叶片的传统设计与先进设计

来自蒸汽发生器的高湿度蒸汽会降低高压透平效率。如图 3.16 所示,主蒸汽中湿度每增加 1%,都会使高压透平的效率降低约 1%。

图3.14 叶片沉积物沉积

图3.15 叶片侵蚀[2]

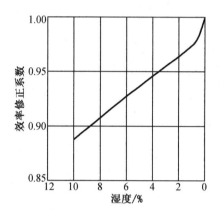

图3.16 蒸汽湿度对效率的影响

3.3 本章算例

参考图3.4,在高压透平节流阀进口处,饱和蒸汽压力为6 900 kPa(a),排汽压力为1 180 kPa(a),透平流量为1 890 kg/s,效率为80%。假设没有中间抽汽,试计算透平的功率。

$$W = m_{HP-i}h_{HP-i} - m_{HP-o}h_{HP-o} = m_{HP}(h_{HP-i} - h_{HP-o})$$

$$h_{HP-i} - h_{HP-o} = \eta_{HP}(h_{HP-i} - h_{HP-o(s)})$$

$$W = m_{HP}\eta_{HP}(h_{HP-i} - h_{HP-o(s)})$$

式中 W——功率;

   m——质量流量;

   下标HP——高压透平;

   下标i——进入;

   下标o——排出;

   下标(s)——绝热焓降理想值。

查询知水和水蒸气的物性参数如下:

在 6 900 kPa 压力下,$h_{HP-i} = 2\ 773.9\ kJ/kg$,$s_{HP-o} = s_{HP-i} = 5.821\ 9\ kJ/(kg \cdot K)$。

在 1 180 kPa 压力下,饱和水比熵 $s_f = 2.209\ 0\ kJ/(kg \cdot K)$,饱和汽比熵 $s_g = 6.527\ 6\ kJ/(kg \cdot K)$,饱和水比焓 $h_f = 795.1\ kJ/kg$,汽化潜热比焓 $h_{fg} = 1\ 988.1\ kJ/kg$。

$$x = \frac{s_{HP-o} - s_f}{s_g - s_f} = \frac{5.821\ 9 - 2.209\ 0}{6.527\ 6 - 2.209\ 0} \approx 0.836\ 6$$

$$h_{HP-o(s)} = h_f + x h_{fg} = 795.1 + 0.836\ 6 \times 1\ 988.1 \approx 2\ 458.3\,(kJ/kg)$$

$$W = m_{HP} \eta_{HP} (h_{HP-i} - h_{HP-o(s)}) = 1\ 890 \times 0.8 \times (2\ 773.9 - 2\ 458.3) \approx 477\,(kW)$$

本章参考文献

[1]　Schofield, P. , Efficient Maintenance of Large Steam Turbines, paper for *Pacific Coast Electric Association 1982 Engineering and Operating Conference*, San Francisco, CA, 1882.

[2]　Sumner, W. J. , et al. , Reducing Solid Particle Erosion Damage in Large Steam Turbines, paper for American Power Conference, IEEE, 1985.

第4章 汽水分离再热器

4.1 汽水分离器

如图4.1所示,在状态点2,从高压透平排出的蒸汽通常湿度很大,需要在进入低压透平之前进行除湿,除湿机构被称为汽水分离器。汽水分离器的作用是完全去除湿蒸汽中的水分,从而在蒸汽离开汽水分离器时达到干饱和状态(状态点3)。蒸汽在汽水分离器中不可避免地产生一些压降。由于汽水分离器的作用,进入低压透平的蒸汽干度较高,减少了低压透平的蒸汽侵蚀,提高了低压透平的机械效率,但并不能提高循环的热力效率。

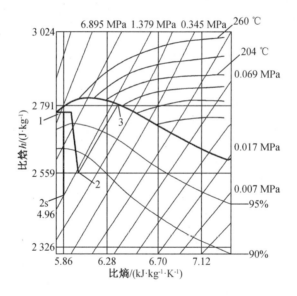

图4.1 焓-熵过程中汽水分离过程

图4.2所示为经典汽水分离器设计,它是利用波纹板去除湿蒸汽中的水分的。图4.2所示的设计通常用于核电厂的汽水分离器。然而,实际运行经验表明,该种设计难以达到预期的效果。作为老式汽水分离的替代品,图4.3所示的改进型设计被广泛而成功地应用。实践证明,核电站的电力输出增加,证实了改进设计的有效性和合理性。

图4.2　经典汽水分离器设计

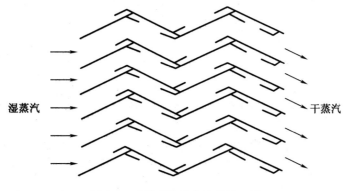

图4.3　改进后的汽水分离器设计

　　如图4.3所示,对传统设计的修改是添加另一个挡板,以捕获流经汽水分离器的旋转蒸汽中的水分。这一看似微小的变化显著提高了除湿效率。

　　当前有两种基本的汽水分离器设计方案——立式和卧式。图4.4所示为沸水堆核电站(由通用电气公司建造的核电站)中常用的立式设计。立式汽水分离器通常位于高压透平排汽管的正下方,而多个卧式汽水分离器通常位于靠近低压透平相邻的地板上。携带的水珠沿着 V 形板向下流动,并通过汽水分离器底部的排水管排出,而可能漏入的空气都可通过顶部被排出。

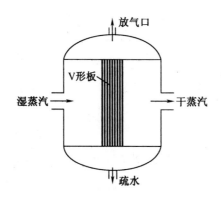

图4.4　立式汽水分离器设计简图

图 4.5 所示为卧式汽水分离器设计简图。同立式汽水分离器位于直立的圆柱容器内一样,卧式汽水分离器安装在卧倒的圆柱容器内。卧式汽水分离器通常用在再热热源不为新蒸汽的机组中(可能因为沸水堆蒸汽具有放射性)。

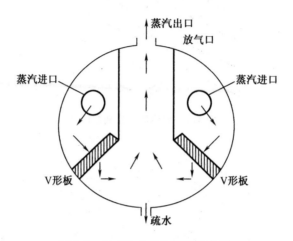

图 4.5　卧式汽水分离器设计简图

图 4.6 给出了汽水分离器工作流程示意图。假设高压透平的效率已知,根据第 3 章的内容可以计算出高压透平的排汽焓。高压透平排汽流量可根据给水流量进行估算。给水流量必须准确测量,才能根据第 2 章的内容确定反应堆功率水平。主蒸汽流量根据给水流量进行计算,不同的堆型具有不同的计算方法。在沸水堆中需要添加控制棒驱动流量,在压水堆中需要减去排污流量。高压透平排汽流量可通过主蒸汽流量减去进入再热器的新蒸汽流量(压水堆)、阀门泄漏流量、其他抽汽量和至给水加热器的抽汽流量(将在后面的章节中讨论)等变量进行计算。

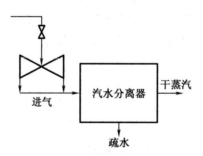

图 4.6　汽水分离器工作流程示意图

因此,假设高压透平排汽压力和通过汽水分离器的压降已知,可以对汽水分离器建立能量守恒方程:

$$m_{\mathrm{MS-i}}h_{\mathrm{MS-i}} = m_{\mathrm{MS-stm-o}}h_{\mathrm{MS-stm-o}} + m_{\mathrm{MS-drain}}h_{\mathrm{MS-drain}} \tag{4.1}$$

$$m_{\mathrm{MS-stm-o}} = m_{\mathrm{MS-i}} - m_{\mathrm{MS-drain}} \tag{4.2}$$

$$m_{\mathrm{MS-i}}h_{\mathrm{MS-i}} = (m_{\mathrm{MS-i}} - m_{\mathrm{MS-drain}})h_{\mathrm{MS-stm-o}} + m_{\mathrm{MS-drain}}h_{\mathrm{MS-drain}} \tag{4.3}$$

式中　下标 MS——湿蒸汽；

　　　下标 stm——干蒸汽；

　　　下标 drain——疏水。

假定汽水分离效率可达到 100%，则疏水量计算公式为

$$m_{\text{MS-drain}} = m_{\text{MS-i}} \frac{h_{\text{MS-stm-o}} - h_{\text{MS-i}}}{h_{\text{MS-stm-o}} - h_{\text{MS-drain}}} \qquad (4.4)$$

饱和蒸汽和排水焓可根据水及水蒸气的物性参数计算表/软件确定。如果运行人员感觉汽水分离效率可疑，可通过测量排水流量和通过计算汽水分离器出口蒸汽焓的方法计算出口蒸汽干度，进而推算分离效率，如下所示：

$$h_{\text{MS-stm-o}} = \frac{m_{\text{MS-stm-i}} h_{\text{MS-stm-i}} - m_{\text{MS-drain-o}} h_{\text{MS-drain-o}}}{m_{\text{MS-stm-o}}} \qquad (4.5)$$

在出口压力已知的情况下，其他物性参数可根据水和水蒸气的物性参数计算表/软件确定。

4.2　再　热　器

如图 4.7 所示，在状态点 3，从汽水分离器排出的蒸汽通常是干饱和蒸汽。在一些核电站（主要是沸水堆型）中，蒸汽将直接输送至低压透平。然而，在更多的核电站中，干蒸汽往往再次被加热后送入低压透平。再热装置是与汽水分离装置集成在一起的。如图 4.7 所示，通过在进入高压透平之前抽出一部分主蒸汽作为加热汽源，将蒸汽加热至状态点 4，可实现较大的过热度。

再热过程能够进一步降低低压透平中的水分，从而减少叶片的蒸汽侵蚀，提高机械效率。

图 4.8 给出了集成汽水分离再热器的典型布置。蒸汽从容器端部的高压透平进入，首先通过汽水分离器的 V 形板，然后通过再热器，在通往低压透平的过程中从容器顶部排出。分离出的疏水通过容器底部输送至给水系统，经给水泵加压送至蒸汽发生器。

图 4.9 给出了汽水分离再热器的工作流程。再热器的传热管为 U 形管，其头部伸出汽水分离再热器容器，主蒸汽从管道上方引入，凝结后的疏水从管的下半部分排出。进入管道的部分主蒸汽（大约 2%）作为暖管吹除蒸汽使用，用来保证管道畅通，减小主蒸汽受冷速度，保持管束温度相对均匀。若不进行暖管吹除，则管束热膨胀不均，将导致换热管变形、破损。由于再热器中，壳侧蒸汽单相受热的热阻大于管侧新蒸汽凝结换热的热阻，因此再热器换热管通常采用管外附加翅片的设计，增加壳侧的有效传热面积，补偿较高的传热热阻。

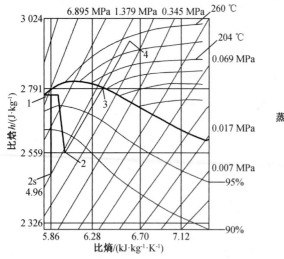

图 4.7 比焓 – 比熵过程中汽水分离再热过程

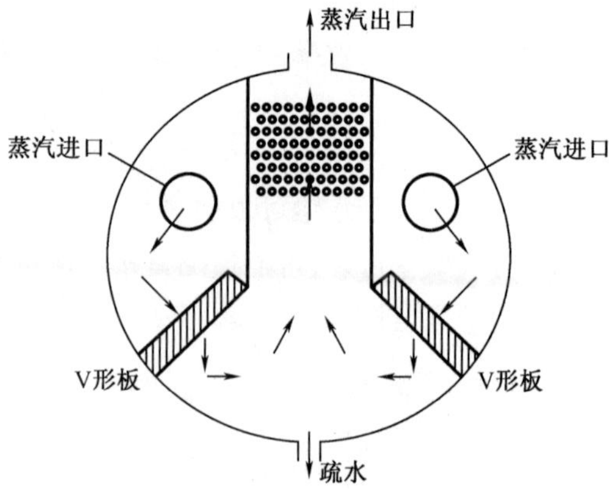

图 4.8 集成汽水分离再热器的典型布置

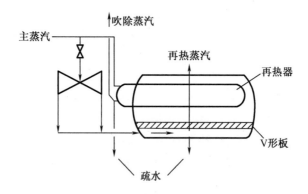

图 4.9 汽水分离再热器的工作流程

图 4.10 给出了汽水分离器再热器热平衡计算示意图,可用来计算输送至再热蒸汽的热量;或在出口压力和温度已知的情况下,求解管侧疏水流量;或在管侧疏水流量已知的情况下,求解蒸汽出口焓。通过在再热器周围绘制系统边界,并假设吹除蒸汽为进入汽水分离再热器的主蒸汽的 2% ,可以按以下方式计算传热:

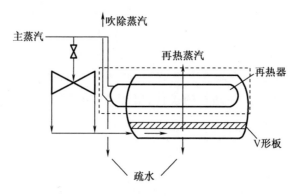

图 4.10 汽水分离再热器热平衡计算示意图

$$m_{tube-in} = \frac{m_{tube-drain}}{1-0.02} \tag{4.6}$$

$$m_{purge-stm} = m_{tube-i} - m_{tube-drain} \tag{4.7}$$

$$Q = m_{tube-i} h_{tube-i} - m_{purge-stm} h_{purge-stm} - m_{tube-drain} h_{tube-drain} \tag{4.8}$$

或者

$$-Q = m_{shell-i} h_{shell-i} - m_{shell-o} h_{shell-o} \tag{4.9}$$

合并式(4.8)与式(4.9)有

$$m_{shell-i} h_{shell-i} + m_{tube-i} h_{tube-i} = m_{shell-o} h_{shell-o} + m_{purge-stm} h_{purge-stm} + m_{tube-drain} h_{tube-drain} \tag{4.10}$$

计算再热蒸汽离开再热器时的焓为

$$h_{shell-out} = \frac{m_{shell-i} h_{shell-i} + m_{tube-i} h_{tube-i} - m_{purge-stm} h_{purge-stm} - m_{tube-drain} h_{tube-drain}}{m_{shell-out}} \tag{4.11}$$

式中　Q——热量;

下标 tube——管侧;

下标 shell——壳侧;

下标 purge——吹除。

温度可通过查询水和水蒸气物性参数表/软件求得。

如果已知再热蒸汽出口温度,则可以计算管侧排放疏水的流量,即

$$m_{tube-drain} = \frac{m_{shell}(h_{shell-out} - h_{shell-i})}{h_{tube-i} - h_{tube-drain}} \tag{4.12}$$

核电站通常设置两级再热,管束串联布置,其截面如图4.11所示。

在两级再热的情况下,第一级加热汽源来自高压透平的抽汽,第二级加热汽源来自新蒸汽,汽水分离再热器工作流程如图4.12所示。

两级再热时,第一级抽汽能够在高压透平内进行部分做功,然后再对分离后的干蒸汽进行再热。这种布置还能够降低再热管束中的温度梯度,减少因热膨胀而导致的传热管破损。

高压透平抽汽压力通常可根据高压给水加热器壳侧压力估算,抽汽焓可根据设计热平衡图或焓－熵图(图3.4)确定。疏水则是对应压力下的饱和水,可通过水和水蒸气的物性参数计算软件确定。因此,如果可以测量管侧疏水流量和温度,则可以按以下方式计算再热各段中发生的传热:

$$Q = m_{tube-i} h_{tube-i} - m_{tube-drain} h_{tube-drain} - m_{purge-stm} h_{purge-stm} \tag{4.13}$$

$$m_{tube-i} = \frac{m_{tube-drain}}{1-0.02}, m_{tube-drain} = 0.02 m_{tubeside-i} \tag{4.14}$$

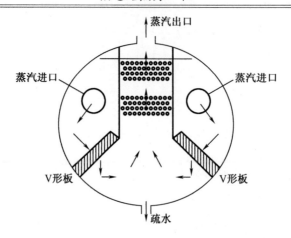

图 4.11　两级再热汽水分离再热器截面图

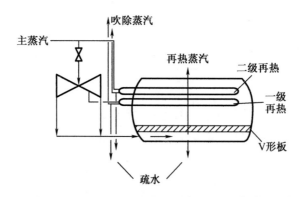

图 4.12　两级汽水分离再热器工作流程示意图

汽水分离再热器的传热端差是重要的热力性能参数。传热端差是指管侧饱和温度(可达到的最高温度)和离开壳侧的蒸汽温度(热再热蒸汽温度)之间的差值。对于单级再热的汽水分离再热器,这个参数很容易测得或利用测得的参数计算;但对于两级再热的汽水分离再热器,则应监测每级再热的传热端差。假设从高压透平抽汽的给水加热器壳侧压力已知,可通过估计抽汽点与给水加热器的压差确定抽汽压力,进而估算从抽汽点到汽水分离再热器的压差来确定进入第一级再热的蒸汽压力。在满功率下运行时,可从设计热平衡参数中对该压力进行修正。由于高压透平出口的蒸汽是湿蒸汽,进入管道的蒸汽的饱和温度可通过水和水蒸气物性参数计算软件获得。在没有直接温度测量的情况下,为了确定第一级再热器壳侧出口的过热蒸汽温度,必须同时测定蒸汽的压力和焓。如果设计热平衡图上提供了两级再热之间的中间压力,则可以认为一级再热产生的压降与总再热压降之比是恒定值。一级再热出口焓可如式(4.11)所示计算,已知压力焓值后,可根据水和水蒸气的物性参数计算软件确定温度。

另一个需要监测的参数是热阻。在评估换热器的传热性能时所用到的基本关系式为

$$Q = U \cdot A \cdot \text{LMTD} \Rightarrow U \cdot A = \frac{Q}{\text{LMTD}} \tag{4.15}$$

$$\text{LMTD} = \frac{t_{\text{shell}-\text{o}} - t_{\text{shell}-\text{i}}}{t_{\text{tube}} - t_{\text{shell}-\text{o}}} \quad\quad (4.16)$$

式中 U——传热系数；

A——传热面积；

t——温度。

传热热阻为 $\frac{1}{UA}$。该参数应与设计值进行比较,并应用于检测再热器中的污垢沉积。对于具有两级再热的核电厂,应监测每级再热占总传热的百分比,并与每级的设计值进行比较。如果再热器的整体性能出现下滑,则该比较将表明哪一级再热更有可能存在问题。

4.3 本章算例

参考图4.10,给定一台壳侧质量流量为 1 285.2 kg/s 的单级再热器,壳侧湿蒸汽入口和出口压力分别为 1 158 kPa(a) 和 1 124 kPa(a),入口蒸汽干度为99.74%。管侧加热工质为焓值 2 772.6 kJ/kg、压力 6 516 kPa(a) 的饱和主蒸汽。吹除用蒸汽流量为加热蒸汽的2%。测得管侧排水流量为 166.9 kg/s,排水温度为 281.19 ℃。热侧的温度未知,试计算再热器的末端温差。

$$m_{\text{tube}-\text{i}} = \frac{m_{\text{tube}-\text{drain}}}{1 - 0.02} = \frac{166.9}{0.98} \approx 170.3\,(\text{kg/s})$$

$$m_{\text{purge}} = m_{\text{tube}-\text{i}} - m_{\text{tube}-\text{drain}} = 170.3 - 166.9 = 3.4\,(\text{kg/s})$$

壳侧进口压力为 1 158.0 kPa(a),干度为 99.74%,查询水和水蒸气物性参数,得到进口焓为 2 777.3 kJ/kg。由于管侧是饱和的,因此可查出管侧饱和温度为 281.0 ℃,疏水焓即饱和水焓,为 1 242.0 kJ/kg。根据能量守恒,有

$$m_{\text{shell}-\text{i}}h_{\text{shell}-\text{i}} + m_{\text{tube}-\text{i}}h_{\text{tube}-\text{i}} = m_{\text{shell}-\text{o}}h_{\text{shell}-\text{o}} + m_{\text{tube drain}}h_{\text{tube drain}} + m_{\text{purge}}h_{\text{tube}-\text{i}}$$

$$h_{\text{shell}-\text{o}} = \frac{m_{\text{shell}-\text{i}}h_{\text{shell}-\text{i}} + m_{\text{tube}-\text{i}}h_{\text{tube}-\text{i}} - m_{\text{tube drain}}h_{\text{tube drain}} - m_{\text{purge}}h_{\text{tube}-\text{i}}}{m_{\text{shell}-\text{o}}} = 2\,972.1\ \text{kJ/kg}$$

利用壳侧出口压力 1 124 kPa(a),焓值 2 972.1 kJ/kg,查询水和水蒸气物性参数,得出壳侧出口温度为 265.0 ℃。因此

$$m_{\text{shell}-\text{i}}\Delta T_{\text{TTD}} = 281.1 - 265.0 = 16.1\,(\text{℃})$$

本章参考文献

[1] Meyer, C. A. et al., ASME Steam Tables, 6th ed., American Society of Mechanical Engineers, New York, 1993.

[2] ASME Steam Tables Compact Edition, American Society of Mechanical Engineers, New York, 1993, 2006.

第5章 低压透平

5.1 低压透平截止阀

如图 5.1 所示,电动截止阀位于汽水分离器或汽水分离再热器与低压透平之间。

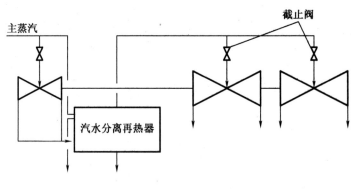

图 5.1 截止阀的位置

截止阀设计为在透平跳机时自动关闭,以防止低压透平超速。这些阀门不进行节流,所以通过它们的压降可以忽略不计。

5.2 低压透平除湿

图 5.2 给出了通过低压透平的蒸汽的膨胀过程。膨胀线末端的锯齿形表示除湿过程,将热力线向右移动,以减少蒸汽中的水分。如图 5.2 所示,如果不进行除湿,当膨胀蒸汽接近主凝汽器中的较低压力时,蒸汽湿度将达到很高的水平。解决此问题的方法是在最后几级低压透平叶片前缘设置凹槽,捕获水分颗粒后通过离心力将疏水打入低压透平机壳中的空腔,完成除湿,如图 5.3 和图 5.4 所示。这些空腔位于低压透平级排汽点的上游。除湿的结果是较为干燥的蒸汽通过随后的叶片级继续膨胀。

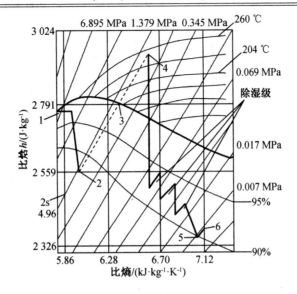

图 5.2　比焓 – 比熵过程中低压透平膨胀过程

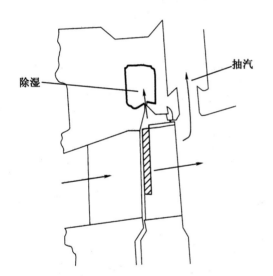

图 5.3　低压透平除湿级结构图

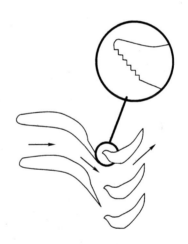

图 5.4　低压透平除湿截面图(来自 Kenneth
C. Cotton 在透平性能研讨会上的讲稿)

类似于汽水分离器的分析,除湿级被视为两个透平级之间的汽水分离器,如图 5.5 所示。除湿效率 μ 的定义为

$$\mu = \frac{m_{ex-m}}{m_{total-m}} = \frac{m_{ex-m}}{m_i(1-x_i)} \tag{5.1}$$

式中　m_{ex-m}——捕获的水分;

　　　$m_{total-m}$——进入除湿级的疏水;

　　　m_i——进入除湿级的湿蒸汽总量;

　　　x_i——进入除湿级的湿蒸汽干度。

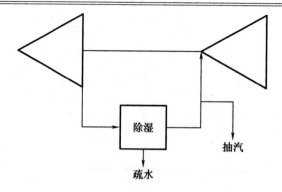

图 5.5　低压透平除湿级分析图

因此,有

$$m_{\text{ex-m}} = \mu m_i (1 - x_i) \tag{5.2}$$

除湿效率通常由透平厂商提供,如图 5.6 所示。

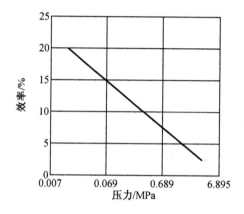

图 5.6　除湿效率

通过测量进入该级的蒸汽以及排出的疏水量,可以计算出剩余蒸汽的焓,如下所示:

$$h_o = \frac{m_i h_i - m_{\text{ex-m}} h_{\text{ex-m}}}{m_i - m_{\text{ex-m}}} \tag{5.3}$$

式中　h_o——离开本级的蒸汽焓;

　　　h_i——进入本级的蒸汽焓;

　　　$h_{\text{ex-m}}$——除湿疏水焓。

已知蒸汽离开本级时的压力和焓,就可以利用水和水蒸气物性参数软件确定蒸汽的品质。

5.3 低压透平末级叶片故障

如图 5.2 所示,为了获得最大的低压透平功率,蒸汽将膨胀至压力尽可能低的主凝汽器中。高流量、大比体积的蒸汽导致低压透平的末级叶片非常大,如图 5.7 所示。这些长叶片不像高压透平叶片那样由围带连接保护(图 3.12 和图 3.13)。低压透平末级叶片承受离心力和蒸汽冲击力、振动应力等,可能存在疲劳失效、叶尖失效、叶根失效和腐蚀引起的裂纹等问题。

为了尽量减少这些故障,末级叶片通常设计为钨铬钴硬质合金前缘和通过拉金连接,如图 5.8 所示。

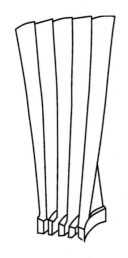

图 5.7 低压透平末级叶片

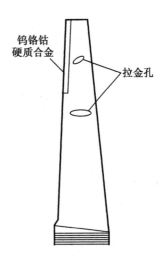

钨铬钴
硬质合金

拉金孔

图 5.8 带有拉金孔和钨铬钴硬质合金边缘的低压透平末级叶片

5.4 低压透平末级叶片效率

与所有的蒸汽透平、燃气透平一样,当通过低压透平末级的蒸汽速度为设计速度时,该级的效率最佳,如图 5.9 所示。

在部分负荷和(或)高主凝汽器压力下,透平机组的运行可能存在隐患。如图 5.10 所示,这种情况会导致末级叶片根部蒸汽流动扰动,并增加振动应力,从而导致叶片早期失效。因此,透平制造商提出了低压透平允许的运行背压限值。这是一个较为重要的参数,若该参数超过许可限值,在某些情况下会导致反应堆功率降低。

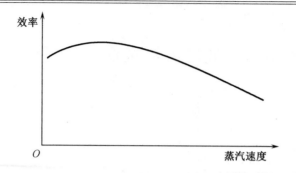

图 5.9 低压透平末级效率曲线（来自 Kenneth C. Cotton 在透平性能研讨会上的讲稿）

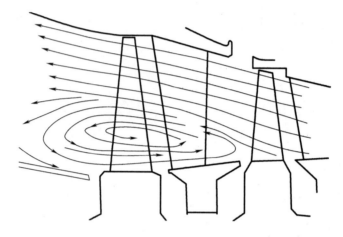

图 5.10 在部分负荷和（或）高主凝汽器压力下运行的低压透平

（来自 Kenneth C. Cotton 在透平性能研讨会上的讲稿）

5.5 低压透平排汽损失

参考图 5.2，状态点 5 和状态点 6 之间的焓略有上升，表示低压透平的排汽过程存在损失。图 5.11 给出了当蒸汽从末级叶片流向下面的主凝汽器时，低压透平排汽口的典型布置。

图 5.2 中的状态点 5 称为膨胀线终点（ELEP），这是一个纯理论值，表明在没有排汽损失的情况下，离开低压透平的蒸汽焓值。实际工况线如图 5.12 中的虚线所示，离开低压透平的蒸汽实际焓称为可利用能量终点（UEEP）。

UEEP 和 ELEP 之间的焓差称为排汽损失。图 5.13 所示为透平厂商提供的典型低压透平排汽损失曲线。在图 5.13 中，欲查询排汽损失，需要知道蒸汽离开时的流速。流速的计算方法为

$$V = \frac{mv(1-M)}{A} \tag{5.4}$$

式中 M——排汽湿度；

　　　　A——排汽流通截面面积。

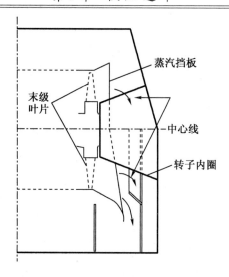

图 5.11   低压透平排汽口的典型布置（来自 Kenneth C. Cotton 在透平性能研讨会上的讲稿）

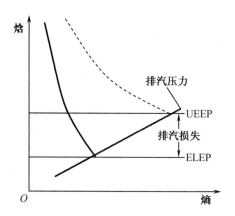

图 5.12   低压透平排汽损失

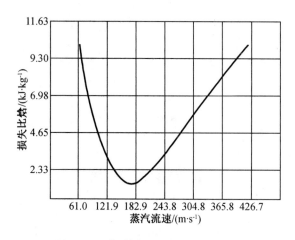

图 5.13   典型低压透平排汽损失曲线

在排汽达到声速以前,随着背压降低,排汽速度增加;当排汽速度为声速后,背压的进一步降低不会增加排汽速度。

如图 5.14 所示,背压不同将导致功率修正系数不同,存在一个最佳背压,使功率修正系数最大。由于 UEEP 较高,高于最佳背压的工况会损失电功率;而低于最佳背压工况的排汽会因临界流动而出现阻塞流,导致排汽损失增加。

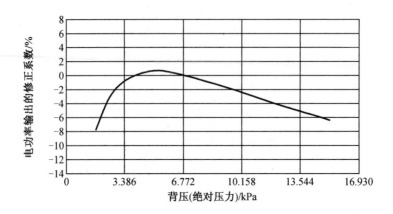

图 5.14 低压透平背压对电功率输出的修正系数

5.6 本 章 算 例

参考图 5.5,进入除湿级的总蒸汽流量为 1 140.3 kg/s,质量含汽率为 95.7%,除湿级压力为 110.3 kPa(a)。图 5.6 中效率为 16.2%。计算除湿级后的蒸汽干度。

$$m_{\text{ex-m}} = m_{\text{i}}(1 - x_{\text{i}})\mu = 7.9 \text{ kg/s}$$

根据压力为 110.3 kPa(a)、干度为 95.7% 查询水和水蒸气物性参数,得到进入蒸汽比焓值为 2 582.5 kJ/kg,饱和蒸汽比焓值为 2 679.3 kJ/kg,疏水(即饱和水)比焓值为 429.1 kJ/kg。根据能量守恒,有

$$h_{\text{o}} = \frac{m_{\text{i}}h_{\text{i}} - m_{\text{ex-m}}h_{\text{ex-m}}}{m_{\text{i}} - m_{\text{ex-m}}} = \frac{1\ 140.3 \times 2\ 582.5 - 7.9 \times 429.1}{1140.3 - 7.9} \approx 2\ 597.5 \text{(kJ/kg)}$$

$$x_{\text{o}} = \frac{h_{\text{o}} - h_{\text{f}}}{h_{\text{g}} - h_{\text{f}}} \times 100\% = \frac{2\ 597.5 - 429.1}{2\ 679.3 - 429.1} \times 100\% \approx 96.36\%$$

本章参考文献

[1] Meyer C. A., et al., ASME Steam Tables, 6th ed., American Society of Mechanical Engineers, New York, 1993.

[2] ASME Steam Tables Compact Edition, American Society of Mechanical Engineers, New York, 1993, 2006.

第6章 主凝汽器

6.1 朗肯循环散热

回顾第1章中关于朗肯循环的讨论,图6.1给出了蒸汽透平所做的功(阴影区域)和必须通过主凝汽器排出的热量。

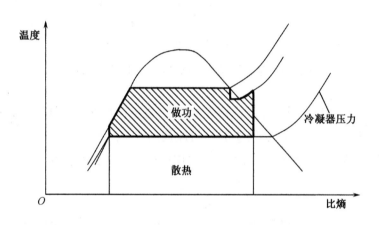

图6.1 朗肯循环中的做功和散热

从图6.1中可知,蒸汽所做的功与冷凝器散热之和是曲线下的积分面积,因此降低主凝汽器压力,将压力线向下移动,可以增加有用功(㶲)的量,还可以减少废热(烑)量。

核电站中的主凝汽器是管壳式换热器,从低压透平排出的乏汽在壳侧的管束间凝结。虽然管侧循环水的温度在此过程中因吸热而升高,但壳侧的凝结是等温过程,温度维持饱和温度。正因如此,管侧的水称为循环水,而非冷却水。

6.2 主凝汽器的布置

主凝汽器有着多种布置方式。图6.2所示为其最简单的布置方式,在这种布置方案中,管束的方向与低压透平轴垂直,循环水通过管束两端的水室进出传热管。蒸汽凝结后形成的凝水从主凝汽器中泵出,送回反应堆(沸水堆)或蒸汽发生器(压水堆)。核电站中往往安装了多台低压透平,每台低压透平下都有一个主凝汽器。在理想状态下,每个主凝汽器中的压力基本相同,但由于维护、清洁过程中不能做到完全一致,不同主凝汽器间的压力存在差异。为了解决这个问题,在不同凝汽器的喉部(低压透平与换热管束之间)设连通管道,将凝汽器壳体连接在一起,以便平衡压力。

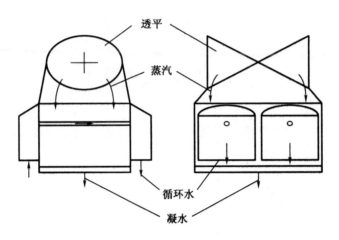

图6.2 单流程、单压、单壳体凝汽器结构示意图

如图6.3所示,循环水流经主凝汽器壳体两次,进出口水室位于凝汽器的同一侧。最冷的循环水进入管束的上半部分,以便获得尽可能低的背压。当透平厂房的布置需要较短的管道和(或)较短的管道牵引空间时,可能会采用这种布置以节省空间。

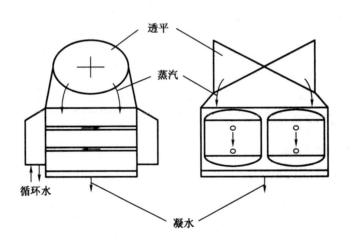

图6.3 双流程、单压、单壳体凝汽器结构示意图

如图6.4所示,循环水串联通过多个主凝汽器,导致各壳体中的压力不同。

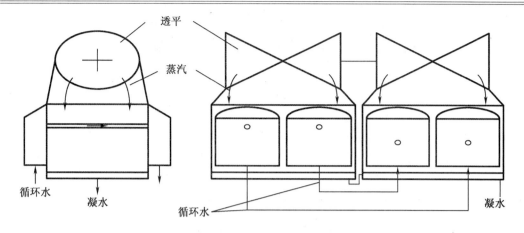

图 6.4 多流程、多压、多壳体凝汽器结构示意图

内陆核电站常利用冷却塔将废热排到大气中。应用冷却塔的机组多采用多压主凝汽器。这些机组的循环水必须经泵送至冷却塔上方,因此需要更高扬程的循环水泵,配套更大功率的电机,消耗更多的辅助电源。通过将循环水流量串联通过主凝汽器,能够降低总流量,将辅助电源的耗费影响降至较低水平。降低循环水流量也可以降低冷却塔的建造运行成本。为了尽量抵消增高的循环水温度对下一级凝汽器循环水变热所产生的影响,通常增加下游凝汽器的传热面积。

如图 6.5 所示,循环水串联通过多个主凝汽器,使得各个主凝汽器壳侧压力不同。不同于图 6.4,图 6.5 中管束的方向平行于透平轴。

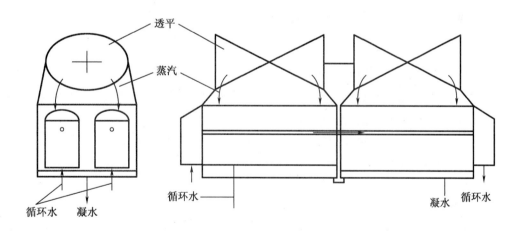

图 6.5 单流程、多压、多壳体凝汽器示意图

相较于图 6.4,这种布置具有明显的优点,当循环水从当前凝汽器流向下一级凝汽器时,管道的压降很小。但实际应用中,由此产生的长换热管很难维护,当一个凝汽器因清洗而停机时,下游凝汽器也无法正常运行。此外,这种布置将导致蒸汽无法均匀地分配到相对较窄、较高的全部管束,因此很少使用这种布置。

6.3　主凝汽器负荷的计算

从图 6.1 可以明显看出,在核电厂中,评估主凝汽器的性能对于确保尽可能低的透平背压至关重要。为了评估主凝汽器的性能,必须能够确定换热功率,通常称为主凝汽器的负荷。图 6.6 所示的典型循环中,在主凝汽器周围绘制了边界。

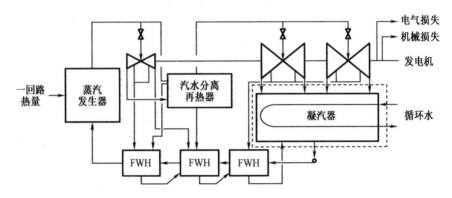

图 6.6　将主凝汽器作为分析对象的典型朗肯循环

根据所定义的边界,主凝汽器的负荷可以通过两种方法进行计算。首先,可以计算凝汽器中进入的热量:

$$Q = m_{\text{exhaust}}(h_{\text{exhause}} - h_{\text{condensate}}) + m_{\text{drain}}(h_{\text{drain}} - h_{\text{condensate}}) \tag{6.1}$$

式中　Q——热负荷;

　　　下标 exhaust——排汽;

　　　下标 condensate——凝水。

该方法实行起来特别困难,因为低压透平排汽焓和能量利用终点都无法直接测量。第二种方法可通过计算循环水排出的热量进行,即

$$Q = m_{\text{CCW-o}}(h_{\text{CCW-o}} - h_{\text{CCW-i}}) = m_{\text{CCW-o}} c_{p\text{-CCW}}(t_{\text{CCW-o}} - t_{\text{CCW-i}}) \tag{6.2}$$

式中　c_p——比定压热容;

　　　t——温度;

　　　下标 CCW——循环水。

尽管可以测量循环水流量和出入口温度,但这些测量以及计算的准确性会存在偏差。确定主凝汽器负荷的更准确方法是在整个朗肯循环周围放置边界,如图 6.7 所示。

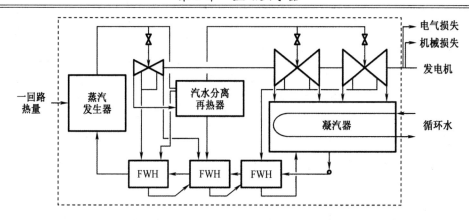

图 6.7　将循环整体作为分析对象的典型朗肯循环

依据能量守恒定律：

$$Q_{\text{heat-i}} + m_{\text{CCW-i}}h_{\text{CCW-i}} = W_{\text{generator}} + Q_{\text{electrical loss}} + Q_{\text{mechanical loss}} + m_{\text{CCW-o}}h_{\text{CCW-o}} \quad (6.3)$$

$$m_{\text{CCW-i}} = m_{\text{CCW-o}} \quad (6.4)$$

$$Q = m_{\text{CCW-o}}(h_{\text{CCW-o}} - h_{\text{CCW-i}}) = Q_{\text{heat-i}} - (W_{\text{generator}} + Q_{\text{electrical loss}} + Q_{\text{mechanical loss}}) \quad (6.5)$$

式中　W——做功；

　　　下标 heat——热量；

　　　下标 generator——发电机；

　　　下标 electrical loss——电气损失；

　　　下标 mechanical loss——机械损失。

这种方法提供了一种更准确的计算模型，反应堆功率和电力输出是准确测量的，根据图 6.8 和图 6.9 中所示的曲线能够准确估计机械损失及电气损失，其中 PF 表示功率因数。

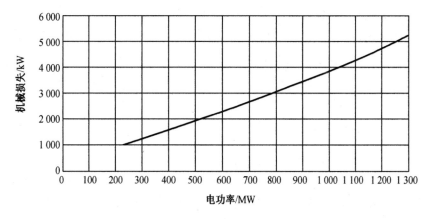

图 6.8　典型机械损失曲线(PF = 0.9)

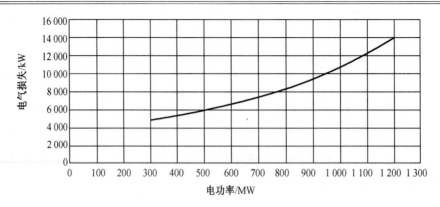

图 6.9　典型电气损失曲线(PF = 0.9,发电机内氢气表压为 517.11 kPa)

机械损失和电气损失产生的热量通常由单独的冷却水从核电站带出,与循环水无关。

6.4　循环水流量的计算

主凝汽器性能体现的另一个参数是循环水流量。循环水管道尺寸巨大,直接测量流量非常困难。最精确的测量方法之一是染料稀释法。将已知浓度的染料以精确的流速快速注入循环水,用高精度的仪器在下游测量染料的稀释浓度,通过稀释因子精确测量流量。通常无法采用染料稀释法测量循环水流量,但该方法能够有效地通过校准指定位置(如主凝汽器出口水室)的水力损失,建立循环水流量变化的基准参考[1]。

确定循环水流量的另一种方法是确定循环水泵的总压头,并从泵特性曲线中读取流量(此方法必须确保特性曲线的准确性及泵叶轮没有损坏)。泵的总扬程定义为出口压头和吸入压头之差,是泵吸入口和排出口处静压与速度压头之总和的差值,如式(6.8)所示。通常情况下,多台循环水泵并联时测量的压力是平均的,吸入口和排出口处的静压基本相同。对于地坑排水式循环水泵,总压头是集水坑中的重位压头,在这种情况下,吸入总压头为零。在计算速率压头时需要用到泵的流量,因此采用特性曲线方法确定流量需要进行迭代:

$$\text{TH} = H_{\text{discharge}} - H_{\text{suction}} \tag{6.6}$$

$$\text{TH} = (H_{\text{static}} + H_{\text{velocity}})_{\text{discharge}} - (H_{\text{static}} + H_{\text{velocity}})_{\text{suction}} \tag{6.7}$$

$$\text{TH} = \left(H_{\text{static}} + \frac{V^2}{2g_c}\right)_{\text{discharge}} - \left(H_{\text{static}} + \frac{V^2}{2g_c}\right)_{\text{suction}} \tag{6.8}$$

式中　TH——扬程;

　　　H——水头;

　　　V——速度;

　　　g_c——重力加速度;

　　　下标 discharge——出口;

　　　下标 suction——吸入;

　　　下标 static——静止;

下标 velocity——速度率。

图 6.10 说明了如何根据循环水泵曲线估计循环水流量,其中两台循环水泵并联运行。假设循环水入口和出口温度已被准确测量,确定循环水流量的最准确方法是将凝汽器负荷除以温升与比定压热容的乘积,即

$$Q = m_{\text{CCW}} c_{p-\text{CCW}} (t_{\text{CCW}-\text{o}} - t_{\text{CCW}-\text{i}}) \tag{6.9}$$

$$m_{\text{CCW}} = \frac{Q}{c_{p-\text{CCW}} (t_{\text{CCW}-\text{o}} - t_{\text{CCW}-\text{i}})} \tag{6.10}$$

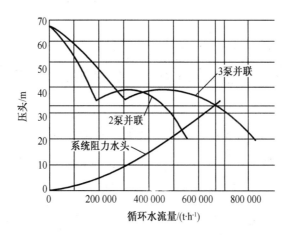

图 6.10 根据循环水泵曲线估计循环水流量

6.5 主凝汽器性能系数的计算

在监测主凝汽器性能时,一个较为重要的参数是性能系数(也称清洁系数或污垢系数)。性能系数指实际运行中的总传热系数 U 与理论总传热系数的比值,如式(6.11)所示。实际传热系数测量计算的前提是凝汽器完全清洁且按设计运行,即

$$\text{PF} = \frac{U_{\text{operating}}}{U_{\text{clean}}} \tag{6.11}$$

式中 PF——性能系数;

　　　U——传热系数;

　　　下标 operating——运行;

　　　下标 clean——清洁。

在投入使用后,由于微观污染、宏观污垢、堵管或其他因素,主凝汽器的清洁状况立即被破坏。因此,设计时系统的主凝汽器通常按假定的性能系数(通常为85%)进行选取。由于污染因素、性能变化是持续的,因此需要进行趋势分析,以便知道何时应采取诸如清洁、维护类的干预措施等。

总传热系数 $U_{\text{operating}}$ 定义为

$$Q = U_{\text{operating}} \cdot A_{\text{condenser}} \cdot \text{LMTD} \Rightarrow U_{\text{operating}} = \frac{Q}{A_{\text{condenser}} \cdot \text{LMTD}} \tag{6.12}$$

$$\text{LMTD} = \frac{t_{\text{CCW-o}} - t_{\text{CCW-i}}}{\ln \dfrac{t_{\text{sat}} - t_{\text{CCW-i}}}{t_{\text{sat}} - t_{\text{CCW-o}}}} \tag{6.13}$$

式中 下标 operating——运行;

下标 condenser——凝汽器。

式中的饱和温度指凝汽器运行压力下的饱和温度,可通过查询水和水蒸气物性参数软件[2]求得。

6.6 主凝汽器传热效率的计算

凝汽器的传热效率 P 指循环水通过凝汽器的温升,除以温度升高的极限(即循环水出口的温度等于壳侧饱和温度),有

$$P = \frac{t_{\text{CCW-o}} - t_{\text{CCW-i}}}{t_{\text{sat}} - t_{\text{CCW-i}}} \tag{6.14}$$

因此,如果 P 值已知,可通过查询水和水蒸气物性参数软件了解饱和温度及凝汽器压力。利用式(6.14)的变形,求解壳侧饱和温度的方法如下:

$$t_{\text{sat}} = \frac{t_{\text{CCW-o}} - t_{\text{CCW-i}}(1 - P)}{P} \tag{6.15}$$

P 值的求取方法比较简单:

$$P = 1 - e^{-\text{NTU}} \tag{6.16}$$

$$\text{NTU} = \frac{UA}{m_{\text{CCW}} c_{p\text{-CCW}}} \tag{6.17}$$

式中 NTU——传热单元数。

因此,如果已知 U 值,可通过查询水和水蒸气物性参数软件计算给定循环水入口温度及流量下的凝汽器压力。

6.7 主凝汽器总传热系数的计算

美国换热研究所(HEI)提供了一种凝汽器总传热系数 U 的计算方法[3],如下所示:

$$U = C\sqrt{V} F_i F_m F_f \tag{6.18}$$

式中 C——与传热管径相关的常数;

V——管内流速;

F_i——温度修正系数;

F_m——管道材料修正系数;

F_f——性能系数(清洁系数)。

因此,对于按设计运行的清洁主凝汽器有

$$U_{clean} = C\sqrt{V}F_i F_m \qquad (6.19)$$

HEI 在文献[3]中给出了 C、F_i 和 F_m 的求取方法。

HEI 公式本质上是基于运行经验的经验公式。随着多年来经验参数的积累,其经验系数值也发生了变化。确定 U_{clean} 的更严格方法是附加热阻法(ARM),该方法得到 ASME 性能试验规范委员会《PTC 12.1 蒸汽表面凝汽器》[4]的认可。U_{clean} 定义如下:

$$U_{clean} = \cfrac{1}{r_{shell} + r_{wall} + \cfrac{d_o}{d_i} \cdot r_{tube}} \qquad (6.20)$$

式中　r_{shell}——壳侧对流换热热阻;

　　　r_{wall}——传热管导热热阻;

　　　r_{tube}——管侧强迫对流换热热阻;

　　　d_o——管外径;

　　　d_i——管内径。

通常情况下,传热热阻与传热系数 h 成反比,管侧传热系数为

$$h_{tube} = \frac{\kappa_{CCW}}{d_i}Nu_f \qquad (6.21)$$

式中　h_{tube}——管侧传热系数;

　　　κ_{CCW}——循环水导热系数;

　　　Nu_f——努赛尔数。

确定圆管中水流的努赛尔数有多种计算方法,美国较为常用的是 Colburn 类比法[5]①,如下所示:

$$Nu_f = 0.023Re_f^{0.8}Pr_f\left(\frac{\mu_s}{\mu_t}\right)^{0.14} \qquad (6.22)$$

式中　Re_f——管侧雷诺数,$Re_f = \dfrac{m_t d_i}{a_t \mu_t}$,其中 m_t 为循环水质量流量,a_t 为循环水流通总截面

　　　　面积;

　　　μ_s——壳侧饱和水动力黏度;

　　　μ_t——管侧水动力黏度;

　　　Pr_f——管侧普朗特数,$Pr_f = \dfrac{\mu_t c_{p-CCW}}{k_{CCW}}$。

计算努赛尔数更加准确的是 Petukhov 公式[5]②

$$Nu = \cfrac{\dfrac{f}{2}Re_f Pr_f}{11.07 + 12.7\sqrt{\dfrac{f}{2}}\left(Pr_f^{\frac{2}{3}} - 1\right)} \qquad (6.23)$$

---

① 我国常用 D–B 公式。

② 式中的 f 是范宁摩擦系数,其值为我国常用的达西摩擦系数 λ 的 1/4。

$$f = (1.58\ln Re - 3.28)^{-2} \tag{6.24}$$

传热管导热热组为

$$r_{\text{wall}} = \frac{d_{\text{o}}}{2\kappa_{\text{t}}}\ln\frac{d_{\text{o}}}{d_{\text{i}}} \tag{6.25}$$

式中 κ_{t}——传热管金属管壁导热系数。

凝汽器壳程的热阻是管束设计的函数，难以计算。通常该值由随机手册中的设计总传热系数 $U_{\text{clean-design}}$ 反算得出，如下所示[5]：

$$r_{\text{shell-design}} = \frac{1}{U_{\text{shell-design}}} - r_{\text{wall-design}} - \frac{d_{\text{o}}}{d_{\text{i}}}r_{\text{tube-design}} \tag{6.26}$$

然而，当凝汽器在设计以外的条件下运行时，必须对 r_{shell} 进行修正。凝汽器壳侧传热系数的估算如下：

$$h_{\text{shell}} = 0.729\left[\frac{\kappa_{\text{f}}^3\rho_{\text{f}}^2 g h_{\text{fg}}}{\mu_{\text{f}}(t_{\text{sat}} - t_{\text{CCW-i}})d_{\text{o}}}\right]^{\frac{1}{4}} \tag{6.27}$$

$$r_{\text{shell}} = \frac{1}{h_{\text{shell-design}}}\frac{\left[\dfrac{\kappa_{\text{f}}^3\rho_{\text{f}}^2 g h_{\text{fg}}}{\mu_{\text{f}}(t_{\text{sat}} - t_{\text{CCW-i}})d_{\text{o}}}\right]^{\frac{1}{4}}_{\text{design}}}{\left[\dfrac{\kappa_{\text{f}}^3\rho_{\text{f}}^2 g h_{\text{fg}}}{\mu_{\text{f}}(t_{\text{sat}} - t_{\text{CCW-i}})d_{\text{o}}}\right]^{\frac{1}{4}}} \tag{6.28}$$

式中 κ_{f}——壳侧液膜导热系数；

ρ_{f}——蒸汽密度；

g——重力加速度；

h_{fg}——汽化潜热；

μ_{f}——壳侧液膜动力黏度。

r——热阻；

液膜的温度按 $(t_{\text{sat}} + t_{\text{CCW-i}})/2$ 计算。

凝汽器的性能变差主要是由污垢引起的，在忽略空气作用等因素情况下，清洁的主凝汽器和运行中的主凝汽器之间的热阻之差通常称为污垢热阻。具体计算如下：

$$r_{\text{fouling}} = \frac{1}{U_{\text{clean}}} - \frac{1}{U_{\text{operating}}} \tag{6.29}$$

$$U_{\text{operating}} = \frac{Q}{A_{\text{condenser}} \cdot \text{LMTD}} \tag{6.30}$$

由 HEI 方法或 ARM 方法均可计算出 U_{clean}。图 6.11 给出了用 HEI 方法和 ARM 方法计算一年时间时，核电站具备在线管道清洗功能的主凝汽器性能系数的比较结果。

图 6.12 所示为采用 HEI 方法（曲线）和 ARM 方法（散点）计算的主凝汽器性能系数的差异。在较高的循环水入口温度下二者有相当好的一致性，但在较低的温度下没有，采用 HEI 方法计算的结果更为乐观。因此，可能会误以为主凝汽器在冬季运行状态好于夏季。而实际上，凝汽器在冬季的性能与夏季几乎一致。

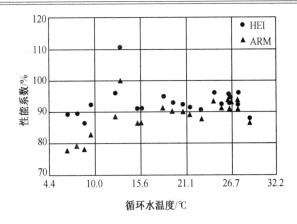

图 6.11　不同方法计算的主凝汽器性能系数

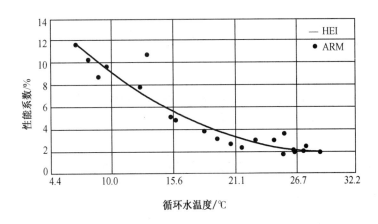

图 6.12　采用 HEI 方法和 ARM 方法计算的主凝汽器性能系数的差异

6.8　多压凝汽器

在使用冷却塔的情况下,将循环水泵送至冷却塔填料层需要较高的压头。为了减少循环水泵所消耗的功率,只能通过减少循环水的流量,将循环水串联流经主凝汽器来实现,就像 6.2 节中描述的多压凝汽器一样。为了补偿较低的循环水流量和较高的进口水温,需要扩大主凝汽器的传热面积。图 6.13 中显示了流过单压力主凝汽器循环水的温升过程。

当循环水温度接近主凝汽器壳侧的饱和温度时,驱动传热的温差减小,因此存在一个换热功率极限。超过该极限时,前文所述的传热预测将不再适用,即使更长的管道也将无法有效传热。HEI 建议末端温差不低于 5 ℉(约 2.8 ℃)。解决此问题的方法是使用多压凝汽器。图 6.14 给出了流过多压力凝汽器的循环水温升过程。

循环水流出第一壳体时的温度接近第一壳体的饱和温度,在流经第二甚至第三壳体时的温度随着饱和温度的升高而升得更高,传热能够继续进行,不受第一级末端温差的限制。

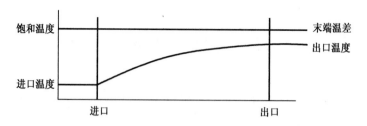

图6.13 流过单压力主凝汽器循环水的温升过程

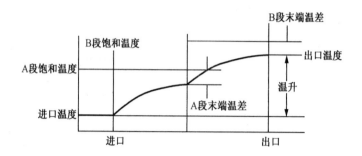

图6.14 流过多压力凝汽器循环水的温升过程

6.9 主凝汽器管束设计

图6.15给出了主凝汽器管束截面示意图。为了使所有的主凝汽器表面积均能有效凝结蒸汽,低压透平的排汽必须穿透管束,以便蒸汽在几乎所有管道上冷凝。据此凝汽器上设计了各种折流板,以促进蒸汽流入管束。在为冷却塔应用而设计的大换热面积主凝汽器中,设计师试图增加管束的高度以增加表面积,但效果反而较差。

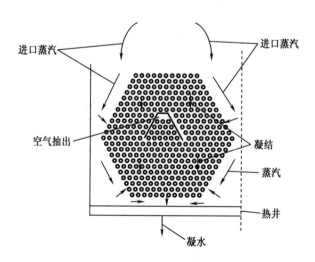

图6.15 主凝汽器管束截面示意图

6.10　主凝汽器空气抽出

进入主凝汽器的蒸汽中夹带少量不能凝结的空气,因此当蒸汽接近管束中心区域时,空气体积占总体积的百分比增加。空气收集设施在管束中心附近的护罩下,通过抽取设备从主凝汽器中抽出空气,详见图 6.16 所示的主凝汽器的侧视图和剖面图。

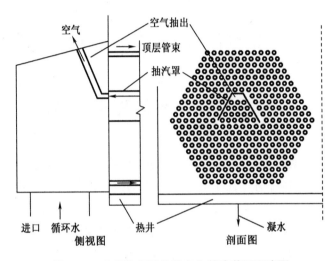

图 6.16　主凝汽器抽汽设备与管束截面示意图

HEI 蒸汽 – 表面凝汽器标准[2]显示了其建议的主凝汽器每个壳体的空气抽出能力。在确定抽气设备的出力时,进行了以下假设:

(1)空气处于湿饱和状态;

(2)空气/蒸汽排出口压力为主凝汽器压力;

(3)混合气体温度比蒸汽饱和温度低 7.5 ℉(4.18 ℃);

(4)主凝汽器压力取 1 英尺汞柱(约 3.38 kPa)或更低的实际值。

根据吉布斯 – 道尔顿定律确定除气设备的出力:

$$p_t = p_a + p_v \tag{6.31}$$

式中　p_t——总压力;

$\quad\quad p_a$——空气分压力;

$\quad\quad p_v$——蒸汽分压力。

其中定义绝对湿度 ω 为

$$\omega = \frac{m_v}{m_a} = \frac{M_v}{M_a} \cdot \frac{p_v}{p_a} \tag{6.32}$$

$$\omega = \frac{18}{29} \cdot \frac{p_v}{p_a} \tag{6.33}$$

$$\omega = 0.62 \frac{p_v}{p_t - p_v} \qquad (6.34)$$

式中　m_v——蒸汽质量流量；

$\quad\quad m_a$——空气质量流量；

$\quad\quad M_v$——蒸汽摩尔质量；

$\quad\quad M_a$——空气摩尔质量。

不同组分的计算如下：

$$m_v = m_a \left(0.62 \times \frac{p_v}{p_t - p_v}\right) \qquad (6.35)$$

$$m_t = m_a + m_v = m_a + m_a \left(0.62 \times \frac{p_v}{p_t - p_v}\right) = m_a \left(1 + 0.62 \times \frac{p_v}{p_t - p_v}\right) \qquad (6.36)$$

6.11　循环水系统真空维持

大多数核电站位于河流、湖泊或海洋附近，以提供所需的冷却水、循环水等。在使用自然水源作为循环水的机组中，通过在主凝汽器排水阀处对循环水泵进行节流，使循环水泵只需克服通过系统的摩擦阻力，即可建立循环水通过主凝汽器的初始虹吸效应。然而，由于水被加热时，空气从循环水中逸出，破坏了虹吸所需要的真空。因此，设置真空维持系统来去除空气，以维持虹吸效应。如图6.17所示，真空维持接头位于出口水箱上，从进水箱溶液中逸出的所有气体都会通过凝汽器顶部管道进入出口水箱。

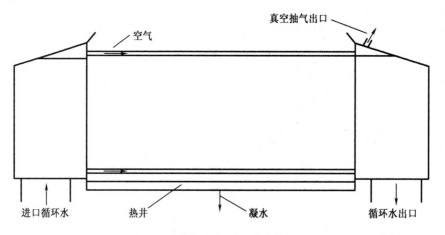

图6.17　主凝汽器循环水真空维持系统

由于使用冷却塔作为热井的循环水系统是封闭的，其主凝汽器热井低于冷却塔，且循环水是加压泵送，因此不需要真空维持系统。

6.12　凝汽器性能提升难点

6.12.1　空气阻塞

如果进入朗肯循环的空气超过了可以排出的能力,则称凝汽器处于气塞状态。图 6.18 给出了空气阻塞情况下主凝汽器管束截面示意图,说明了空气如何占用凝汽器的换热面积,从而增加压力。

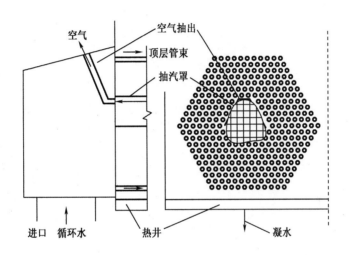

图 6.18　空气阻塞情况下主凝汽器管束截面示意图

空气漏入的主要来源如下:
(1)透平轴封;
(2)低压透平或主凝汽器膨胀节;
(3)阀杆密封;
(4)凝汽器隔离阀泄漏;
(5)给水加热器放气口;
(6)低压透平爆破片泄漏。

检测空气阻塞的方法如下:

(1)投入另一台抽气器,如果主凝汽器压力下降明显,则表明空气含量较高。

(2)当机组负荷下降时,主凝汽器压力应以可预测的方式下降;否则表明真空出现破坏。

(3)向主凝汽器排入少量空气,如果凝汽器压力显著升高,则表明内部已经存在较多空气。

6.12.2 凝水过冷

主凝汽器性能差的另一个原因是凝水过冷。如图 6.19 所示，从主凝汽器管道滴落的冷凝液存在过冷的趋势。

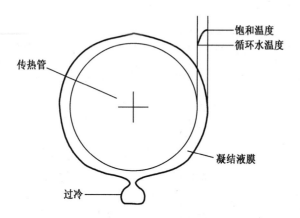

图 6.19 凝水水滴从冷却管上滴落存在过冷的趋势

设计良好的主凝汽器，冷凝水温度应近似等于饱和温度（相差 1.0 ℉以内，约 0.56 ℃）。图 6.20 说明了减低过冷度是通过将蒸汽引导到管束下方再次加热凝水液滴来实现的。

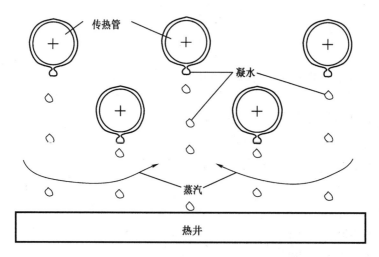

图 6.20 凝水水滴从冷却管上滴落时被蒸汽加热

较冷的凝结水需要更多的蒸汽来重新加热。热井鼓泡除氧热源蒸汽若采用透平抽汽，会导致流经透平最后几级的蒸汽流量减少，从而降低效率。因此，在凝水液滴到达热井之前，利用乏汽对其进行再加热非常重要。

6.12.3　循环水充注不足

循环水充注不足除了减少主凝汽器的有效表面积外,还会降低循环水流量,导致循环水出口温度相应升高,具体如图 6.21 所示。为了监测循环水的充注情况,主凝汽器在出口水箱上安装了观察镜,用来监测水位。

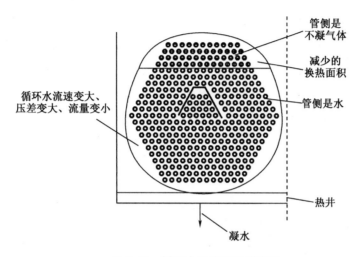

图 6.21　循环水充注不足的情况

6.12.4　传热管内壁微观污垢

凝汽器传热管不可避免地出现微观污垢往往是其性能变差的最常见原因,如图 6.22 所示。

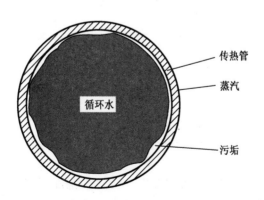

图 6.22　传热管内壁微观污垢示意图

管侧微观污垢可增加传热热阻,导致主凝汽器压力升高,并可能损坏传热管。然而,管侧微观污垢通常具有光滑的黏液表面,不会显著降低循环水流速。在线化学处理或凝汽器管道

49

清洗系统(如胶球清洗)可以有效应对微观污垢,提高性能因数。然而,这些系统维护方式优先级通常较低,尤其在冬季,基本上对提升电力输出没有作用。影响管侧微观污染的因素包括以下几方面:

(1)管内流速。低速流动会增加污垢黏液的形成。

(2)管材。铜基管材比铁基管材受污染的概率小。

(3)循环水温度。污垢黏液更容易在较高的温度下形成。

(4)循环水水质。循环水越干净,越不容易被腐蚀。

(5)淤泥。淤泥可以在低速时沉积在管道底部。

图6.23给出了核电站主凝汽器微观污染的案例研究。主凝汽器的不锈钢管经过重新整修后,性能基本恢复设计状态。然而,随着核电站继续运行到冬季,凝汽器性能下降,需要进行氯化处理。在大修期间,尽管对管道进行了清洁,性能有所恢复,但不能恢复到原始状态。大修后,氯化停止导致性能像之前一样迅速恶化。当氯化处理再次开始后,下降势头得到遏制,但性能的改善只是细微渐进的。该案例可以得出以下结论:核电站在冬季主凝汽器性能下滑,随后的性能恢复是较难攻克的难题。

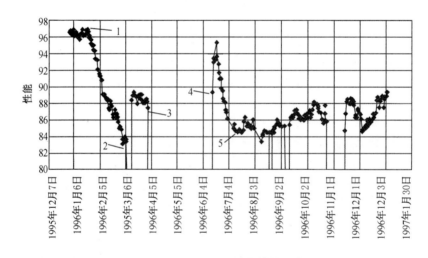

1—重新整修;2—氯化处理;3—大修期间管道清洗;4—装置重新启动(未氯化);5—氯化处理。

图6.23 核电站主凝汽器微观污染的案例研究

在封闭循环中使用冷却塔时,由于溶解的固体较多,浓度较高,且钙在高温下容易被析出,因此管道上尤其是在凝汽器出口附近可能会形成水垢。主凝汽器管上的钙沉积物很难清除,通常需要切开清洗或进行化学处理。

6.12.5 传热管宏观污染

图6.24所示为宏观污垢导致的堵管,是主凝汽器性能不佳的一个常见原因。这种污染常出现于自江、河、湖、海等富含水生生物的水源直接获取循环水的核电站。

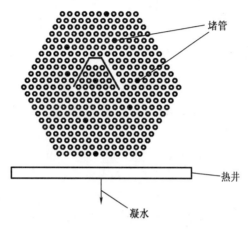

图6.24 管侧宏观污垢示意图

主凝汽器的管侧宏观污垢部分或完全阻塞了单个管道。堵管导致流经凝汽器未堵管道的水压降、速度均增加,但总流量减少,导致其出口温度增加、凝汽器压力升高。

6.13 主凝汽器清洁状态对核电站电力输出的影响

图6.25和图6.26分别显示了典型核电站主凝汽器在清洁状态时对低压蒸汽透平背压和输出电功率的影响。可以看出,尽管理论上主凝汽器的清洁状态会影响低压透平背压,但这一现象在寒冷的冬季表现不明显,直到天气复暖时才会明显引起电力输出的损失。因此,主凝汽器清洁状态对电力输出的影响主要体现在温暖季节,在冬季几乎表现不出来。

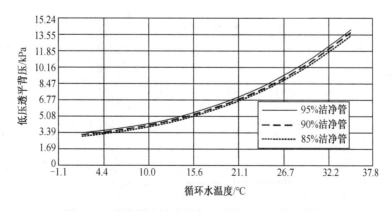

图6.25 凝汽器在清洁状态时对低压透平背压的影响

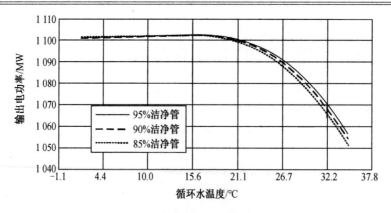

图 6.26　凝汽器在清洁状态时对输出电功率的影响

6.14　本章算例

表 6.1 ~ 表 6.6 所示算例为 Bruce 核电站的真实数据。

表 6.1　结构尺寸参数

变量	含义	单位	值
N	传热管根数	根	43 200
D_o	传热管外径	m	0.025 4
t	传热管壁厚	m	0.000 7
D_i	传热管内径	m	0.024
L	有效换热长度	m	12.13
A	换热面积	m^2	41 808
	换热管材质		不锈钢
κ_w	换热管导热系数	W/(m · K)	15.0

表 6.2　边界条件

变量	含义	单位	设计值	测量值	数据来源
G	管侧流量	kg/s	41 739	37 265	测量
t_i	管侧进口温度	℃	8.33	9.14	测量
t_o	管侧出口温度	℃	17.29	19.32	测量
v	循环水平均比体积	m^3/kg	0.001	0.001	查询蒸气水物性参数
V	管侧水流速	m/s	2.139	1.910	$Gv/(0.25\pi d_i^2 N)$
A_t	管侧流通截面面积	m^2	19.53	19.53	$0.25\pi d_i^2 N$
c_{p-i}	管侧进水比定压热容	kJ/(kg · K)	4.198	4.196	查询水物性参数

表 6.2（续）

变量	含义	单位	设计值	测量值	数据来源
Q	凝汽器热负荷	kW	1 569 974	1 591 785	$Gc_{p-i}(t_o - t_i)$
C_l	管侧热容率	kW/K	175 220	156 364	Gc_{p-i}
t_{ave}	管侧平均温度	℃	12.81	14.23	$0.5(t_o + t_i)$
c_{p-ave}	管侧平均比定压热容	kJ/(kg·K)	4.192	4.190	查询水蒸气物性参数
κ_t	管侧平均导热系数	W/(m·K)	0.585	0.588	查询水蒸气物性参数
μ_t	管侧平均动力黏度	kg/(m·s)	0.001 21	0.001 16	查询水蒸气物性参数

表 6.3　管侧换热计算

变量	含义	单位	设计值	测量值	数据来源
A_t	管侧质量流速率	kg/(m²·s)	2 140	1 910	G/A_t
Re_f	管侧雷诺数		42 401	39 486	$GD_o/(A_t\mu_t)$
Pr_f	管侧普朗特数	℃	8.642	8.274	查询水蒸气物性参数
f	范宁阻力系数		0.005 44	0.005 53	$(1.58\ln Re_t - 3.28)^{-2}$
Nu_f	管侧努赛尔数		442	403	式(6.23)
h_{tube}	管侧换热系数	W/(m²·K)	10 774	9 874	$\kappa_t Nu_t / D_i$
r_{tube}	管侧热阻	m²·K/W	0.000 093	0.000 101	$r_{tube} = 1/h_{tube}$

表 6.4　管壁热阻计算

变量	含义	单位	设计值	测量值	数据来源
r_{wall}	管壁导热热阻	m²·K/W	0.000 048	0.000 048	$(D_o/2k_w)\cdot\ln(D_o/D_i)$

表 6.5　壳侧换热计算

变量	含义	单位	设计值	测量值	数据来源
p	壳侧压力	kPa	3.189	3.792	测量
t_{sat}	饱和温度	℃	25.10	28.04	查询水蒸气物性参数
t_o	管侧出口温度	℃	17.29	19.32	测量
TTD	末端温差	℃	7.81	8.72	$t_{sat} - t_o$
LMTD	对数平均温差	℃	11.72	13.16	$(t_o - t_i)/\ln[(t_{sat} - t_i)/(t_{sat} - t_o)]$

表6.6　分部计算方法

变量	含义	单位	设计值	测量值	数据来源
t_f	壳侧定性温度	℃	16.72	18.59	$(t_{sat}+t_i)/2$
κ_f	定性液膜导热系数	W/(m·K)	0.592 5	0.595 9	查询水蒸气物性参数
ρ_f	定性密度	kg/m³	998.8	998.4	查询水蒸气物性参数
h_{fg}	壳侧汽化潜热	kJ/kg	2 441.5	2 434.5	查询水蒸气物性参数
μ_f	定性动力黏度	kg/(m·s)	0.001 09	0.001 04	查询水蒸气物性参数
ΔT	进口端温差	℃	16.77	18.90	$t_{sat}-t_i$
h_{shell}	壳侧换热系数	W/(m²·K)	7 373	7 264	$0.725\left[\dfrac{\kappa_f^3 \rho_f^2 g h_{fg}}{\mu_f(t_{sat}-t_i)D_o}\right]^{1/4}$
r_{shell}	壳侧热阻	m²·K/W	1.36×10^{-4}	1.38×10^{-4}	$r_{shell}=1/h_{shell}$
U_{clean}	设计传热系数	W/(m²·K)	3 541	3 414	$\dfrac{1}{r_{shell}+r_{wall}+\dfrac{D_o}{D_i}r_{tube}}$
U_{act}	实际传热系数	W/(m²·K)	3 204	2 893	$\dfrac{Q}{A\cdot LMTD}$
PF	性能系数		91%	85%	U_{act}/U_{clean}
r_f	污垢热阻	m²·K/W	2.97×10^{-5}	5.28×10^{-5}	$\dfrac{1}{U_{act}}-\dfrac{1}{U_{clean}}$

关于美国传热学会 HEI 的方法,读者可自行推导。

本章参考文献

[1] March, P. A. and C. W. Almquist, New Techniques for Monitoring Condenser Flow Rate and Fouling, *Power*, March 1989.

[2] Meyer, C. A., et al., ASME Steam Tables, 6th ed., American Society of Mechanical Engineers, New York, 1993.

[3] *Standards for Steam Surface Condensers*, 11th ed., Heat Exchange Institute, Cleveland, OH, 2012.

[4] Burns, J. M., et al., *Improved Test Methods, Modern Instrumentation and Rational Heat Transfer Analysis Proposed in Revised ASME Surface Condenser Test Code PTC* 12.5, 91-*JPGC-PTC*-8, American Society of Mechanical Engineers, New York, 1991.

[5] Thomas, L. C, *Heat Transfer Professional Version*, 2nd ed., Capstone Publishing Corporation, Tulsa, OK, 1999.

第7章 给水加热器

7.1 凝水加热设备

图7.1所示为一个简单的朗肯循环示意图。在朗肯循环中,将水从主凝汽器输送至主给水泵的工艺系统称为凝水系统;将水从主给水泵输送至蒸汽发生器的工艺系统称为给水系统。

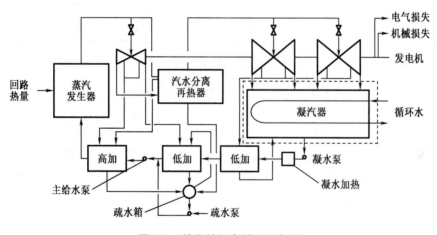

图7.1 简化的朗肯循环示意图

离开主凝汽器的水近似于主凝汽器压力下的饱和液体。给水的汽化依靠反应堆提供的能量完成,但凝给水系统在水进入蒸汽发生器之前对水进行加热,导致对反应堆的热量需求减少,从而提高朗肯循环的热力学效率。核电站中绝大多数的给水加热发生在低压和高压给水加热器中。凝水在进入最低压力的加热器之前,需要尽可能地被预热,从而减少抽汽量,进一步提高效率。通常在最低压力的加热器前设置凝水加热装置,利用包括汽封蒸汽、主抽气器、废气冷凝器、蒸汽发生器、排污换热器、主汽轮给水泵透平排汽等热源对给水进行预热。

(1)汽封蒸汽。高压透平中的一部分蒸汽通过汽封泄漏至汽封调节器,然后注入低压透平汽封或排入汽封蒸汽冷凝器;低压透平轴封的一部分蒸汽也会泄漏到轴封蒸汽冷凝器。主凝水在这里凝结这两股蒸汽,实现温度的略微提高。

(2)主抽气器。一些核电站采用射汽抽气器维持主凝汽器真空,该设备利用新蒸汽作为工作蒸汽,将新蒸汽的内能转化为动能,根据伯努利原理形成低压混合室。汽气混合物从主凝汽器被吸入混合室,主凝水将该部分汽气混合物和工作蒸汽凝结并提升部分温度。

(3)废气冷凝器。在沸水堆核电站中,从主凝汽器排出的汽气混合物具有放射性,因此需要净化后排放。为了在进入木炭过滤柱之前降低混合气体的含水量,采用主凝水在废气冷凝器中凝结混合物中的蒸汽。

(4)蒸汽发生器排污换热器。如第2章所述,压水堆核电站的蒸汽发生器进行少量排污以维持水质。蒸汽发生器排污换热器使用主凝水对排污水闪发的蒸汽进行冷却,从该蒸汽中提取可用能量并回收部分工质。

(5)主给水泵透平冷凝器。对于采用汽轮给水泵的核电站,汽轮泵透平的排汽通常会排向主凝汽器或单独的冷凝器。单独的主给水泵透平冷凝器的冷源通常是循环水,也有一部分核电站采用主凝水。

7.2　给水加热器抽汽点的确定

回顾第1章中关于朗肯循环的讨论,一系列的给水加热器利用抽取部分流经高压透平和低压透平的蒸汽加热凝给水。"抽汽"一词很好地描述了该过程,蒸汽在给水加热器中冷凝,进而从透平中抽吸蒸汽。然而,尽管抽汽的流速由给水加热器的冷凝能力决定,但设计时,给水加热器的工作压力是由透平抽汽点的压力减去通过抽汽管道的压降(通常小于5%)来设定的。

图7.1所示的简化朗肯循环给出了从高压透平,高压透平和低压透平之间的冷再热管道,以及低压透平中抽汽的给水加热器。图7.2所示为带有给水加热器的朗肯循环核电站循环热力线图,图中仅显示了三个抽汽点,但实际上典型的朗肯循环中可能有多达七个抽汽点,其中大部分抽汽点来自低压透平。

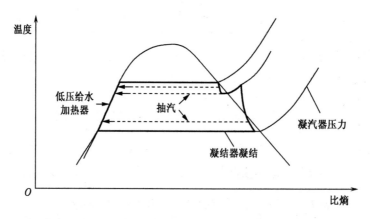

图7.2　带有给水加热器的朗肯循环核电站循环热力线图

图7.3给出了给水加热器与热耗率的关系曲线,热耗率是给水加热器设置数量的函数。最大理想温升是凝水入口温度和壳侧饱和温度之间的差值。热耗率与朗肯循环效率成反

比,因此降低热耗率会导致热效率的提升。实际上,除了效率因素外,给水加热器的实际数量取决于机组的经济性。

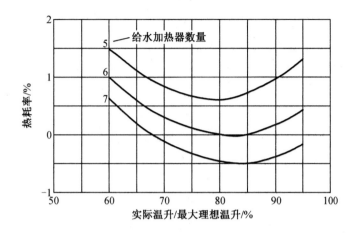

图 7.3　给水加热器与热耗率的关系曲线(来自 1968 年美国能源会议论文集,
核电站透平 – 发电机热耗率性能,Spencer, R. C. 与 Booth, J. A)

图 7.4 给出了核电站中典型的带有疏水冷却区的卧式给水加热器的简化纵截面图。如果几个给水加热器的运行压力高于图 7.4 所示的加热器运行压力,则这些给水加热器的疏水管将联通至图中的加热器。由于图中给水加热器在较低的压力下运行,一部分高压疏水闪蒸成蒸汽,补充来自透平的抽汽。随后,在进入疏水冷却区(简称疏冷区)之前,等温凝结所放出热量被传递到给水(或凝水)中。在疏水冷却区中,饱和的疏水温度高于给水(或凝水),仍将继续发生传热。在该段中,疏水随着热量传递,温度将降低到饱和温度以下。为了防止不凝性气体聚集,约 0.5% 的抽汽通过放气口排放到主凝汽器。

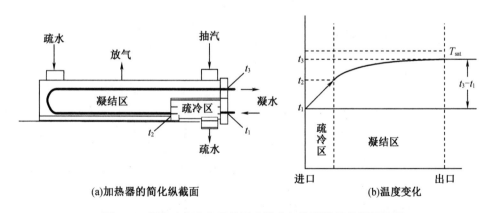

(a)加热器的简化纵截面　　　　(b)温度变化

图 7.4　带有疏水冷却区的卧式给水加热器的简化纵截面图

火电厂的给水加热器通常设有一个去过热的部件,但在核电站中,透平中一般没有过热蒸汽,因此采用自然循环式蒸汽发生器的核电站给水加热器往往不设这一功能区域。除了集成的疏水冷却器外,还可以使用外置的单独疏水冷却器,但这种设置比较少见。

冷凝段本质上是一个冷凝器,疏水冷却区本质上是单相管壳式换热器。给水(或凝水)首先通过疏水冷却部分预热,然后通过抽汽冷凝部分完成大部分热传递。疏水冷却区的设置除了能回收能量外,由于疏水出口处于过冷状态,消除了疏水出口管道和液位控制阀中的闪蒸,从而在没有水锤的情况下平稳地级联到下一级加热器或凝汽器。疏水冷却器被封闭在一个护罩和一个管板(或端板)内,在这里,给水(或凝水)管过渡到冷凝段。冷凝段底部的冷凝水通过疏水管进入疏水冷却器。疏水冷却器内的水流被折流板改变流向,以促使水流垂直于管道。为了避免管道和附件的损坏,必须防止蒸汽进入疏水冷却器,因此控制冷凝段底部的水位非常重要。如果液位偏低,随着水封的丧失,蒸汽可能涌入疏水冷却区,并消除所有过冷;出口管板和管道之间的蒸汽泄漏也可能导致疏水冷却器损坏。堵管则更为严重,堵塞的管道上不会发生冷凝,阻碍蒸汽继续流动。采用独立的疏水冷却器可以消除这些问题,但会增加建筑空间和管道方面的成本。

给水加热器性能不高的原因可能如下:

(1)由腐蚀产物或可溶物质引起的壳侧污垢、管侧污垢;

(2)堵管;

(3)透平抽汽管道阻塞或壳体泄漏导致给水加热器压力降低;

(4)汽气混合物排放管道阻塞导致不凝气体含量上升,使传热恶化;

(5)隔板损坏,导致部分工质未经换热而从旁路流走;

(6)传热管破损;

(7)水位控制失效。

在相同核功率水平下,最终给水的温度决定了给水流量,因此该温度特别重要。给水温度变高或变低时,应检查低压给水加热器和高压透平抽汽压力的状况。在一般的核电站中,高压透平抽汽压力通常高于热平衡设计值,这会导致给水温度升高,从而降低给水流量。

7.3　设计工况下给水加热器的分析

参考图7.4,给水加热器通常被监测的参数有传热功率 Q、末端温差 TTD 和疏水冷却器温差 DCA,它们分别定义如下:

$$Q = mc_p(t_3 - t_1) \tag{7.1}$$

$$\text{TTD} = t_{sat} - t_3 \tag{7.2}$$

$$\text{DCA} = T_{DC} - t_1 \tag{7.3}$$

实际上,给水加热器性能变差,可能是由其他系统设备出现问题引起的。例如,当给水加热器进口水温低于设计值时,较高的末端温差 TTD 导致了较低的给水加热器压力,从而使性能变差。

给水加热器的抽汽流量由其蒸汽需求进行设计,该需求由能量守恒定律确定,如下所示,其中汽气混合物排放流量按抽汽流量的 0.5% 进行设计。

$$m_{\text{drain}-\text{i}}h_{\text{drain}-\text{i}} + m_{\text{extraction}}h_{\text{extraction}} + m_{\text{condensate}}h_{\text{condensate}-\text{i}}$$
$$= m_{\text{drain}-\text{o}}h_{\text{drain}-\text{o}} + m_{\text{vent}}h_{\text{vent}} + m_{\text{condensate}}h_{\text{condensate}-\text{o}} \qquad (7.4)$$

$$m_{\text{drain}-\text{o}} = m_{\text{drain}-\text{i}} + m_{\text{extraction}} - m_{\text{vent}}, \qquad m_{\text{vent}} = 0.005 m_{\text{extraction}} \qquad (7.5)$$

$$m_{\text{drain}-\text{o}} = m_{\text{drain}-\text{i}} + m_{\text{extraction}}(1 - 0.005) \qquad (7.6)$$

$$m_{\text{extraction}}(h_{\text{extraction}} - 0.995h_{\text{drain}-\text{o}} - 0.005h_{\text{vent}})$$
$$= m_{\text{condensate}}(h_{\text{condensate}-\text{o}} - h_{\text{condensate}-\text{i}}) - m_{\text{drain}-\text{i}}(h_{\text{drain}-\text{i}} - h_{\text{drain}-\text{o}}) \qquad (7.7)$$

$$m_{\text{extraction}} = \frac{m_{\text{condensate}}(h_{\text{condensate}-\text{o}} - h_{\text{condensate}-\text{i}}) - m_{\text{drain}-\text{i}}(h_{\text{drain}-\text{i}} - h_{\text{drain}-\text{o}})}{h_{\text{extraction}} - 0.995h_{\text{drain}-\text{o}} - 0.005h_{\text{vent}}} \qquad (7.8)$$

式中　下标 vent——放气；

下标 condensate——凝水；

下标 extraction——抽汽。

现代核工业中能够精确测量给水流量，可以较为容易地监测给水加热器的热性能。在分析给水加热器时，做出以下假设：

(1)在选取焓值时，凝水(给水)进出口取其温度下的饱和水焓值；疏水进出口同样取其温度下的饱和水焓值。

(2)在给水泵下游的给水系统中，给水加热器给水进出口、疏水进出口的焓值选取方法较假设(1)中略高。

(3)抽汽焓值在焓熵图中的透平膨胀线上的抽汽点进行选取。

(4)汽气混合物中蒸汽焓值取壳侧运行压力下的饱和蒸汽焓值。

在某些核电站中，部分给水加热器不设疏水冷却区，而是将疏水排放到疏水箱。来自汽水分离器、高压给水加热器的疏水在疏水箱中被泵入凝水系统，而不是让它们级联到下一个较低压力的加热器，如图 7.5 所示。

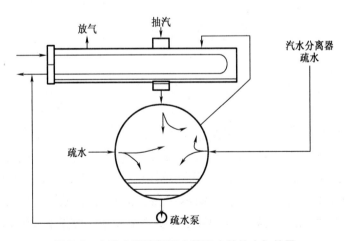

图 7.5　由疏水泵抽取疏水箱疏水的给水加热器

在这种情况下，给水加热器抽汽流量由给水加热器和疏水箱的能量守恒分析确定，如下所示：

$$m_{dr-i}h_{dr-i} + m_{extraction}h_{extraction} + m_{cond}h_{cond-i} + m_{MS-drain}h_{MS-drain}$$
$$= m_{dr-o}h_{dr-o} + m_{vent}h_{vent} + m_{cond}h_{cond-o} \qquad (7.9)$$

$$m_{dr-o} = m_{dr-i} + m_{extraction}(1 - 0.005) + m_{MS-drain} \qquad (7.10)$$

$$m_{extraction} = \frac{m_{cond}(h_{cond-o} - h_{cond-i}) - m_{MS-drain}(h_{MS-drain} - h_{dr-o}) - m_{dr-i}(h_{dr-i} - h_{dr-o})}{h_{extraction} - 0.995h_{dr-o} - 0.005h_{vent}}$$

$$(7.11)$$

式中　下标 dr——疏水；

　　　下标 MS——蒸汽。

在这种布置下,凝水流入的流量与疏水流量的和,等于凝水流出的流量。因此需要给定凝水流量的初始值,通过迭代确定最终值。忽略疏水管道的压降,疏水箱压力取给水加热器压力。

增加抽汽流量可提高朗肯循环效率,往往通过增加加热器的有效换热面积或增加加热器的数量实现。换热器制造商提供的随机手册中列出的热阻往往是基于传热管外径得出的,热阻总和的倒数等于基于外壁面传热面积的传热系数,有如下关系:

$$U = \frac{1}{r_{sc} + r_{sf} + r_w + r_{tf} + r_{tc}} = \frac{Q}{A_s \cdot EMTD} \qquad (7.12)$$

式中　r_{sc}——壳侧对流热阻；

　　　r_{sf}——壳侧污垢热阻；

　　　r_w——传热管导热热阻；

　　　r_{stf}——管侧污垢热阻；

　　　r_{stf}——管侧对流热阻。

在额定工况下,给水加热器管侧的性能分析多依靠端差分析法,具体如下:

$$Q = C_t(t_o - t_i) = C_t P(t_{sat} - t_i) \qquad (7.13)$$

$$P = \frac{t_o - t_i}{t_{sat} - t_i} \qquad (7.14)$$

此处定义 P 为管侧的端差。给水加热器过冷段和冷凝段的端差表示如下:

$$P_1 = \frac{1 - e^{[-NTU_1(1 - R_1)]}}{1 - R_1 e^{[-NTU_1(1 - R_1)]}} \qquad (7.15)$$

$$P_2 = 1 - e^{-NTU_2} \qquad (7.16)$$

假定过冷段冷热工质逆向流动,凝结段为等温过程,有

$$NTU_1 = \frac{U_1 A_{s-1}}{C_t} \qquad (7.17)$$

$$NTU_2 = \frac{U_2 A_{s-2}}{C_t} \qquad (7.18)$$

$$R_1 = \frac{C_t}{C_{s-1}} \qquad (7.19)$$

$$C_t = m_t c_{p-t} \qquad (7.20)$$

式中　Q——传热量；

C——热容；

P——端差；

T——壳侧温度；

t——管侧温度；

NTU——传递单元数；

下标 o——外侧；

下标 i——内侧；

下标 t——管侧；

下标 s——壳侧；

下标 1——冷凝区；

下标 2——过冷区。

由于无法测量凝水（给水）离开过冷区的温度,管侧液体的物理性质（热容、导热系数和黏度）只能基于管侧平均温度进行计算。过冷区壳侧排水管的温度与管侧流体的温度非常接近,因此假定疏水冷却区内壳侧工质的性质与管侧工质的性质相同。因此有

$$C_{s-1} = m_{d-o} c_{p-t} \qquad (7.21)$$

$$m_{d-o} = m_e + m_{d-i} \qquad (7.22)$$

式中　m_{d-o}——蒸汽流量；

m_{d-i}——进口蒸汽流量；

m_e——其他蒸汽量。

如果已知冷凝段和过冷段的总传热系数,则疏水冷却区内的换热量为

$$Q_1 = C_t P_1 (t_{sat} - t_1) \qquad (7.23)$$

管侧离开疏水冷却区的水温为

$$t_2 = t_1 + \frac{Q_1}{C_t} \qquad (7.24)$$

类似地,冷凝段的换热量为

$$Q_2 = C_t P_2 (t_{sat} - t_2) \qquad (7.25)$$

管侧出口温度为

$$t_3 = t_2 + \frac{Q_2}{C_t} \qquad (7.26)$$

末端温差 TTD 为

$$TTD_{calc} = t_{sat} - t_3 \qquad (7.27)$$

式中　下标 calc——计算值。

壳侧出口温度为

$$t_o = t_{sat} - \frac{Q_1}{C_{s-1}} \qquad (7.28)$$

疏水冷却区的出口疏水端差为

$$DOA_{calc} = t_o - t_1 \qquad (7.29)$$

式中 DOA——出口疏水端差。

可通过以下方法检验计算的准确性：

$$Q = Q_1 + Q_2 \qquad (7.30)$$

$$C_t(t_3 - t_1) = C_t P_1(t_{sat} - t_1) + C_t P_2(t_{sat} - t_2) \qquad (7.31)$$

P_1、P_2 由式(7.15)和式(7.16)计算。采用该方法计算得到的设计额定结果应与供应商提供的参数保持一致。

7.4 运行工况下给水加热器的分析

7.3 节的分析说明,已知总传热系数,可通过端差方法计算额定条件下给水加热器的性能。为了分析运行中非额定条件下的给水加热器,必须计算管侧和壳侧对流换热的传热系数。

假定管侧、壳侧污垢热阻及管壁热阻为常数,过冷区和冷凝区的总传热系数可通过建立管侧及壳侧的传热方程来计算。过冷区和冷凝区的管侧对流换热系数按以下方法计算。

首先,确定管侧流动截面面积为

$$d_i = d_o - 2t_w \qquad (7.32)$$

$$A_t = 2N \frac{\pi d_i^2}{4} \qquad (7.33)$$

式中 d_i——传热管内径;

d_o——传热管外径;

t_w——传热管壁厚;

N——传热管数量。

进而确定质量通量为

$$G = \frac{m_t}{A_t} \qquad (7.34)$$

计算管侧雷诺数和普朗特数分别为

$$Re_t = \frac{G_t d_i}{\mu_t} \qquad (7.35)$$

$$Pr_t = \frac{\mu_t c_{p-t}}{k_t} \qquad (7.36)$$

式中 G——质量通量;

d——直径;

μ——动力黏度;

k——导热系数。

利用 Petukhov 关联式计算管侧努赛尔数。首先,计算范宁摩擦阻力系数为

$$f = (1.58 \ln Re_t - 3.28)^{-2} \qquad (7.37)$$

式中 f——范宁摩擦系数。

努赛尔数为

$$Nu = \frac{\frac{f}{2} Re_t Pr_t}{1.07 + 12.7 \left(\frac{f}{2}\right)^{0.5} \left(Pr_t^{\frac{1}{3}} - 1\right)} \tag{7.38}$$

管侧传热系数为

$$h_t = Nu_t \frac{k_t}{d_i} \tag{7.39}$$

式中　h_t——换热系数。

管侧对流热阻为管侧换热系数的倒数,换热系数相对于壳侧的换热面积为

$$r_{tc} = \frac{d_o}{d_i} \frac{1}{h_t} \tag{7.40}$$

要想准确计算过冷区壳侧换热系数,必须得到详细的参数并采用复杂的算法。简单的算法是采用反推法,通过制造商规定的总传热系数确定热阻,如下所示:

$$h_{sc-1} = \frac{1}{\frac{1}{U} - (r_{tc} + r_{tf} + r_w + r_{sf})} \tag{7.41}$$

$$r_{sc-1} = \frac{1}{h_{sc-1}} \tag{7.42}$$

该算法实质上是检查预测管侧换热系数模型的可靠性,所有其他变量均取自换热器随机数据表。对于冷凝区,可直接从 HEI 的下列方程式计算壳侧对流系数(英制单位,温度单位为 °R),传热系数单位为 Btu/(h · ft² · °R)[①]:

$$h_{sc,2} = \frac{1}{0.068\,34 T_{sat}^{-0.891\,2}} \tag{7.43}$$

式(7.43)中存在使用限值。若算得的换热系数大于 2 500 Btu/(h · ft² · °F)(约 14 196.5 W/(m² · K)),则应采用限值进行计算。冷凝区热阻计算方法如下:

$$r_{sc,2} = \frac{1}{h_{sc,2}} \tag{7.44}$$

7.5　给水加热器测试结果分析的表观污垢热阻法

由于管侧或壳侧的污垢累积,或其他导致传热不良的原因,如空气无法有效排出、换热通道被旁路、堵管和液位控制不当等,将会导致额外的传热热阻。为了表征其所引起的影响,以"表观污垢热阻"指代上述原因形成的热阻。通常利用测量得到总传热量去计算表观污垢热阻。一般用污垢比 F_R 来体现表观污垢热阻的影响,它是总设计污垢热阻的倍数,因此有

$$U = \frac{1}{r_{sc} + r_w + r_{tc} + F_R (r_{sf} + r_{tf})_{design}} \tag{7.45}$$

---

① 1 But/(h · ft² · °R) = 5.678 26 W/(m² · K)。

式中　U——传热系数。

对于给定的试验条件,选取一个污垢比的数值,当插入以下方程式时,该污垢比将得到一个总传热系数,即

$$Q_{test} = Q_{calc} \tag{7.46}$$

$$Q_{test} = C_t(t_3 - t_1) \tag{7.47}$$

$$Q_{calc} = Q_1 + Q_2 = C_t P_1(t_{sat} - t_1) + C_t P_2(t_{sat} - t_2) \tag{7.48}$$

P_1、P_2 是上面讨论的 U_1、U_2 的函数。通过选择 F_R 的值,将 r_{sc} 和 r_{tc} 代入式(7.45)中,如果 F_R 选值合适,则计算值等于测量值。对于带有完整过冷区的给水加热器,凝水(或给水)离开过冷区的温度无法测量,所以必须通过反复试验来确定 F_R 值。通过计算基准条件下的结果可以评估算法的准确性,此时污垢率 F_R 应为 1.0。

7.6　给水加热器实例研究

在调试工作完成后即对核电厂进行验收试验,在基本全新的条件下计算了五级给水加热和外部疏水冷却器的污垢比,并将这些值与规定值 $F_R = 1.0$ 进行了比较。如图 7.6 所示,在基本全新的条件下,六个换热器中有四个换热器的 F_R 值小于 1.0,其余两个例外是位于除氧器(混合式给水加热器)下游的外部疏水冷却器 HX0 和 HX5。可以看到,初期 HX5 的 F_R 值仅略高于设计值,而 HX0 的 F_R 值几乎是 F_R 设计值的 4 倍。

大约 16 年后,进行了后续的试验测试。如图 7.6 所示的结果表明,污垢率 F_R 急剧增加,导致循环的热性能变差,最靠近主冷凝器的给水加热器中的污垢增加最大。

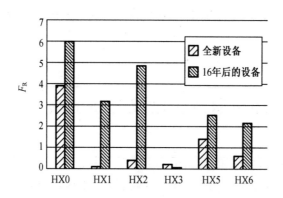

图 7.6　给水加热器污垢率的测试结果

随后的深入调查显示,HX0 存在制造缺陷,即折流板未能准确安装。因此,疏水在管束和换热器壳体之间流动,未能充分参与换热。

有案例表明,低压透平轴承密封油侵入主凝汽器,导致密封油与主凝汽器热井中的凝水混合,随后进入给水加热器,并覆盖在给水加热器管道内部,造成了额外的污垢热阻。

文献[2]中的实际案例研究说明了如何使用表观污垢热阻法来识别给水加热器性能中

无法检测到的缺陷。

7.7 给水加热器疏水

给水加热器疏水系统的实际布置在不同核电站之间差异很大。图 7.1 所示的布置为疏水向前泵送,这只是几种可能的布置之一。一些核电站疏水不用泵输送,而是让它们从高压给水加热器级联到低压给水加热器,最后排入主凝汽器热井。另一种常见的布置是将最低压力给水加热器的疏水排放到疏水箱中,并将其向前泵送。此种布置常用于较高压力的给水加热器,这样所有的疏水都不会流入主凝汽器。为了应急工况及启动时排水,一般给水加热器都设置旁路管道至主凝汽器。

控制给水加热器液位的疏水阀通常位于给水加热器下方,尽量减少阀门中的闪蒸。对于向前泵送的疏水管道,加热器排水泵的尺寸应符合所需的最大流量和压头的需要,以维持液位高度。

7.8 本 章 算 例

参考图 7.4,给水加热器在 285 kPa(a) 的壳侧压力下运行。通过管侧的 1 207.1 kg/s 凝水从 99 ℃ 被加热至 129 ℃。抽汽焓为 2 736.5 kJ/kg,来自上一级给水加热器疏水流量为 50.4 kg/s,温度为 128 ℃。大约 0.5% 的抽汽被排放到主凝汽器。疏水冷却器排出的疏水温度为 105 ℃。计算抽汽流量。

疏水和凝水的焓值被视为饱和液体,进出给水加热器的凝水和疏水焓值可通过查询水蒸气物性参数得知:99 ℃ 下的凝水饱和比焓值为 414.9 kJ/kg;129 ℃ 的凝水饱和比焓值为 542.1 kJ/kg;128 ℃ 下的疏水饱和比焓值为 537.9 kJ/kg;105 ℃ 下的疏水饱和比焓值为 440.2 kJ/kg。

排汽蒸汽的比焓对应于给水加热器壳侧工作压力下的饱和蒸汽,因此其比焓值通过查询水蒸气物性参数可知为 2 722.5 kJ/kg。根据能量守恒有

$$m_{\text{drain}-\text{i}}h_{\text{drain}-\text{i}} + m_{\text{ex}}h_{\text{ex}} + m_{\text{cond}}h_{\text{cond}-\text{i}} = m_{\text{drain}-\text{o}}h_{\text{drain}-\text{o}} + m_{\text{vent}}h_{\text{vent}} + m_{\text{cond}}h_{\text{cond}-\text{o}}$$

$$m_{\text{drain}-\text{o}} = m_{\text{drain}-\text{i}} + m_{\text{ex}} - m_{\text{vent}}, m_{\text{vent}} = 0.005m_{\text{ex}}$$

$$m_{\text{drain}-\text{o}} = m_{\text{drain}-\text{i}} + m_{\text{ex}}(1 - 0.005)$$

$$m_{\text{ex}}(h_{\text{ex}} - 0.995h_{\text{drain}-\text{o}} - 0.005h_{\text{vent}}) = m_{\text{cond}}(h_{\text{cond}-\text{o}} - h_{\text{cond}-\text{i}}) - m_{\text{drain}-\text{i}}(h_{\text{drain}-\text{i}} - h_{\text{drain}-\text{o}})$$

$$m_{\text{ex}} = \frac{m_{\text{cond}}(h_{\text{cond}-\text{o}} - h_{\text{cond}-\text{i}}) - m_{\text{drain}-\text{i}}(h_{\text{drain}-\text{i}} - h_{\text{drain}-\text{o}})}{h_{\text{ex}} - 0.995h_{\text{drain}-\text{o}} - 0.005h_{\text{vent}}}$$

$$= \frac{1\ 207.1 \times (542.1 - 414.9) - 50.4 \times (537.9 - 440.2)}{2736.5 - 0.995 \times 440.2 - 0.005 \times 2\ 722.5}$$

$$= 65.04 (\text{kg/s})$$

本章参考文献

[1] Spencer, R. C. and J. A. Booth, Heat Rate Performance on Nuclear Steam Turbine-Generators, *Proceedings of the American Power Conference*, 1968.

[2] Bowman, C. F. and W. Cichowlas, Nuclear Feedwater Heater Performance Indicators, *Proceedings of the Electric Power Research Institute Nuclear Plant Performance.* Seminar, 2000.

第8章 循环封闭与质量平衡

8.1 循 环 封 闭

在核电站朗肯循环中,电力是通过蒸汽透平将蒸汽膨胀做功产生的,因此任何蒸汽从循环中泄漏都会导致电力输出减少。可能泄漏的工质包括蒸汽和高温水,如给水加热器的疏水、抽汽等。这些泄漏损失可能发生在透平至主凝汽器附近,通过泄压阀、爆破阀泄漏到环境中。一些少量的热量损失是无法避免的,如透平除湿级甩出的疏水等。部分为了限制流量而设计的孔状机构也会导致泄漏损失。在透平启动过程中的辅助系统,往往在透平温度达标后关闭,这些系统在其开启期间也会导致能量损失,如吹除、暖管疏水,这些疏水具体包括:

(1)主蒸汽管道、旁路排放管道;

(2)高压透平截止阀前的管道;

(3)截止阀与第一级喷嘴之间管道;

(4)高压透平、低压透平的汽封;

(5)高压透平、低压透平的机壳;

(6)主汽轮给水泵供汽管道;

(7)汽水分离器紧急排水管;

(8)给水加热器紧急排水管;

(9)抽汽止回阀前管道。

为了防止水倒灌进入透平,抽汽止回阀对于检测、隔离和处理疏水至关重要。

除了减少电力输出外,循环封闭不良还可能导致正常运行管道上的阀门关闭和安全阀打开,从而导致更多的蒸汽泄漏。泄漏可以从泄压阀等处观察到蒸汽的喷射流。通常,通过监测隔离阀下游的温度或使用声学分析仪,能够发现蒸汽向主凝汽器内过度泄漏的现象。

8.2 循环封闭不良导致的电力输出损失

由于循环封闭不良所引起的电力输出损失可表示为

$$\Delta P = m_{\text{leakage}}(h_{\text{leakage}} - h_{\text{UEEP}}) \tag{8.1}$$

式中 ΔP——损失的电功率；

m_{leakage}——泄漏流量；

h_{leakage}——泄电比焓；

h_{UEEP}——可利用比焓终点值。

事实上,泄漏量难以准确估计。以下是以英制单位,估算泄漏蒸汽流量的一种方法。将蒸汽视作理想气体,p^* 和 T^* 表示管道泄漏点处的流动特性,p_o 和 T_o 表示距离泄漏点很近的上游特性。对于蒸汽来说(压力单位为 PSI,温度单位为与摄氏温标具有相同 0 点的列氏温标°R,1°R = 0.8 ℃),具有以下特性：

$$k = 1.33 \tag{8.2}$$

$$p^*/p_\text{o} = 0.540 \tag{8.3}$$

$$T^*/T_\text{o} = 0.859 \tag{8.4}$$

根据理想气体状态方程,泄漏流速为

$$k = \frac{V^2}{g_\text{c}RT^*} \tag{8.5}$$

$$V = \sqrt{kg_\text{c}RT^*} = \sqrt{1.33 \times 32.17 \times 85.76 \times 557.1} = 1\,430 \tag{8.6}$$

式中,V 的单位是 ft[①]/s,1 ft/s = 0.304 8 m/s。在使用英制单位与列氏温标情况下,$R = 85.67$ ft·lbf[②]/(lb[③]·°R)。T^* 指的并不是实际液体的温度,而是依靠如下方法确定：

$$T^* = 0.859T_\text{o} \tag{8.7}$$

质量流量按下式计算：

$$m = V\rho A \tag{8.8}$$

式中 A——泄漏截面面积；

ρ——排出工质的密度,由外部压力 p^* 决定。

通过查阅蒸汽临界流量图,或利用两相临界流动均匀平衡模型,根据破口上游工质的焓值与压力,能够推测流量通量。根据临界压比,在已知破口压力的情况下,其上游的压力为

$$p_\text{o} = \frac{p^*}{0.540} \tag{8.9}$$

可以计算质量流速率 m',进而确定质量流量为

$$m = m'Ap_\text{o} \tag{8.10}$$

---

① 1 ft = 0.304 8 m。

② 1 ft·lbf = 1.355 818 N·m。

③ 1 lb = 0.435 592 37 kg。

8.3　透平轴封用蒸汽

图 8.1 给出了核电站典型汽封系统示意图。高压透平截止阀/调节阀和高压透平轴端处泄漏的高压轴封蒸汽进入汽封集管,根据需要将部分主蒸汽降压补充进汽封集管。从汽封集管开始,轴封蒸汽被注入低压透平轴封。图 8.2 给了典型的低压透平轴封结构图。轴封蒸汽集管中的多余蒸汽被排放到主凝汽器。低压轴封的泄漏被收集在另一个集管中,并排放到轴封蒸汽凝汽器。来自主凝汽器的凝水冷凝轴封蒸汽,冷凝水排放至主凝汽器。

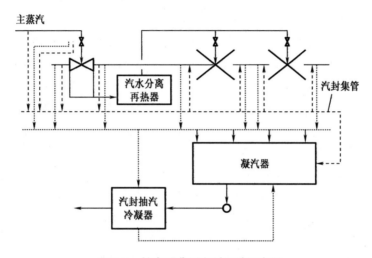

图 8.1　核电站典型汽封系统示意图

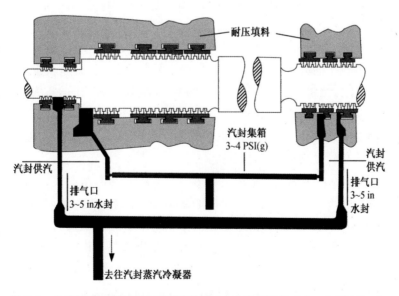

图 8.2　典型的低压透平轴封结构图(图中(g)表示表压,1 in = 0.304 8 m)

8.4　质　量　平　衡

质量守恒方法有助于识别循环封闭问题和发现设备缺陷。汽轮发电机组供应商会提供各级功率与蒸汽流量的热力学参数图,一些核电站甚至拥有热平衡设计程序来模拟原始设计中未能考虑的工况。热平衡分析往往基于汽轮发电机组供应商的配套文件,但实际运行工况总是与设计工况存在偏差。例如第3章所述,透平第一级压力通常高于设计值,导致给水焓更高,从而影响相同核功率下的给水流量;主凝汽器压力常常与设计值相差很大,除影响低压透平背压外,离开主凝汽器的凝水温度也会变化,影响到第一级给水加热器的抽汽流量,进而影响低压透平的排汽流量与凝水流量、输出功等。

实际上,核电站运行热平衡很少能够准确符合原始设计值。一些循环封闭的问题,如阀门泄漏、疏水损失等不可避免且难以准确估算。通常的做法是对这些原因造成的功率损失进行量化和趋势分析,将其归入“不明损失”中。趋势分析能够明确指出损失所在,这些损失可能在电站建设与试运行阶段就已经存在。如果损失不足以影响汽轮发电机组主要参数,则可以忽略这些损失。但这部分损失一旦影响到了输出功率,那么在核电厂的整个寿期内,其对经济的影响将是巨大的。

为了准确确定核功率水平,核电站正尽力地精确测量给水流量。采用流量喷嘴测量给水流量时,精度可达到2%,一度被认为是高精度的。但随着技术的发展,为了尽可能多地发出电功率,许多核电站更新了先进测量设备,给水流量能够达到0.5%的精度,从而释放出1.5%的电功率裕度。而其他流量则不采用这种昂贵的方式进行测量,多采用孔板流量计。即使孔板法兰的上游和下游有罕见的长直管段,其测量精度仍不超过2%。在美国,验收核电站时,常采用ASME喷嘴测量主凝水流量,但完成验收后,为了在运行中降低压损,提高效益,选择拆除它们。因此,一般来说,核电站中唯一被认为是准确的流量测量是给水流量等。在进行质量守恒分析时,有时必须依赖不精确的测量量,如压水堆蒸汽发生器的排污流量等。一些较小的流量,如高压透平控制阀阀杆泄漏等,必须从设计热平衡参数中查询。然而,这些流量测量中引入的误差不会导致整体质量守恒中的重大偏差。如第4章和第7章所述,通常忽略给水加热器的疏水流入和流出的流量,而采用基于汽水分离器和给水加热器整体能量守恒的计算值。需要注意的是,在第4章中,压水堆核电站必须确认汽水分离的有效性或精确测量汽水分离器疏水流量。

除给水流量外,还必须知道凝水流量、抽汽焓值、给水与凝水温度,以便准确地计算抽汽流量。从图3.4和图5.2可以看出,抽汽焓是抽汽点处透平级内压力的函数。在核蒸汽透平中,反应堆满功率或接近满功率时的膨胀线几乎保持不变,这也反映在100%功率的热平衡中,该工况下透平叶片的磨损最小。因此,由于给水加热器中的工作压力是已知的,可以通过抽汽管道的压损与给水加热器压力相加来确定抽汽点压力和焓。进行热平衡校核时,通常的做法是假设通过抽汽管道的压降为5%。因此,在计算100%功率或接近100%功率时的抽汽流量时,可以推算100%功率下设计热平衡上显示的抽汽焓。由此,可以求得给水加热器的给水及凝水温度。这些温度传感器通常是定期校准的,所以它们非常精确。

如果核电站采用向前泵送的给水加热器疏水设计,疏水温度与凝水不同,则必须通过迭代来确定凝水流量。

质量守恒计算方法如下:

(1)给定给水流量。

(2)减去排污流量(压水堆)或加上控制棒驱动流量(沸水堆)获得主蒸汽流量。

(3)减去汽水分离再热器再热热源蒸汽流量,通常取汽水分离器疏水流量的102%,减去去往汽轮给水泵、射汽抽气器等用汽设备的流量,减去高压透平控制阀泄漏量,得到进入高压透平的蒸汽流量。

(4)运用第7章的内容,减去抽往给水加热器的流量,减去轴封泄漏量,得到高压透平的排汽流量。

(5)高压透平排汽流量减去去往给水加热器加热的蒸汽流量,得到进入汽水分离器的蒸汽流量。

(6)减去计算或测量得到的汽水分离器疏水排水量,得到的进入再热器的流量即为进入低压透平的流量。

(7)减去从低压透平到低压给水加热器的抽汽流量(见第7章),并减去除湿级排出的水分,以获取低压透平的排汽流量。

(8)将汽轮给水泵排汽流量(或汽轮给水泵透平凝汽器疏水流量)、轴封蒸汽凝汽器疏水流量、给水加热器放气口和疏水流量、其他泄漏流量和排污流量(压水堆)加到低压透平排汽流量中,沸水堆要减去控制棒驱动流量。通过上述方式获得凝水流量。

对于向前泵送给水加热器疏水的核电站,凝水流量加上加热器疏水箱流量必须等于测得的最终给水流量。由于低压给水加热器的抽汽流量是凝水流量的函数,因此在这种情况下需要迭代计算。应假设初始凝水流量值,并迭代计算冷凝水流量,直到给定凝水流量加上给水加热器疏水箱流量等于测量的最终给水流量。

8.5　质量平衡的电子表格

通常,电力输出趋势被看作循环水入口温度的函数。然而,有了质量守恒方法以后,可以计算得更加准确。质量守恒可在 Excel 工作簿中计算。可从电厂计算机上下载运行数据,并从设计热平衡图纸上输入其他参数,以进行计算,如第 2~7 章所示。已收集和处理的电厂数据、关键循环设备参数(如反应堆功率、汽水分离再热器端差、给水加热器端差和疏水冷却器端差等)以及主凝汽器性能系数,可根据电厂实际性能,方便地计算和进行趋势分析。通过分析可以及时处理不利的趋势,而不必等待出现电力损失再去修复。由于核电站主要处理饱和蒸汽和水,许多需要从水和水蒸气物性参数表中查询的参数,可以由开源链接库制作成 Excel 的外部函数,如饱和焓是温度的函数,饱和温度是压力的函数等。Bowman[1] 为美国电力研究所开发了朗肯循环设备评估 Excel 电子表格,以便于对热力学性能关键指标的电厂数据和设计热平衡预测的状态点值进行比较。

8.6 本章实例

1983 年,对 Pickering 核电站 5 号机组进行了验收试验。1999 年,对其进行了监督试验,以确定与验收试验结果相关的机组热性能损失。在此背景下,编制了热平衡的计算机程序,模拟了设计工况下的热性能。作为评估的一部分,仅使用给水流量、热平衡程序中的抽汽焓以及凝给水系统中测得的温度来计算质量平衡。表 8.1 给出了验收试验结果和热平衡设计、随后的监督试验结果之间的比较。抽汽流量按第 7 章的方法进行计算,对热平衡计算程序的边界条件(主凝汽器背压等)进行了调整,以反映实际试验条件。

表 8.1　Pickering 核电站 5 号机组热平衡对比

内容	单位	验收试验(1983 年)	监督试验(1999 年)
给水流量	kg/s	762.844	769.243
热平衡程序的目标值	kg/s	765.294	777.267
偏差	%	−0.32	−1.06
6#给水加热器抽汽流量	kg/s	45.308	42.251
热平衡程序的目标值	kg/s	45.478	46.150
偏差	%	−0.37	−8.02
高压透平排汽量	kg/s	717.537	724.777
热平衡程序的目标值	kg/s	719.816	729.303
偏差	%	−0.32	−0.62
5#给水加热器抽汽流量	kg/s	100.156	107.350
热平衡程序的目标值	kg/s	108.490	107.350
偏差	%	−7.68	0
低压透平进汽量	kg/s	617.381	617.427
热平衡程序的目标值	kg/s	611.326	621.953
偏差	%	0.99	−0.73
除氧器耗汽	kg/s	21.580	22.491
热平衡程序的目标值	kg/s	22.138	22.916
偏差	%	−2.52	−1.86
3#给水加热器抽汽流量	kg/s	23.233	28.089
热平衡程序的目标值	kg/s	22.306	24.418
偏差	%	4.15	15.03

表 8.1（续）

内容	单位	验收试验（1983 年）	监督试验（1999 年）
2#给水加热器抽汽流量	kg/s	24.392	20.727
热平衡程序的目标值	kg/s	23.594	22.868
偏差	%	3.38	−9.36
1#给水加热器抽汽流量	kg/s	36.476	31.603
热平衡程序的目标值	kg/s	34.390	40.780
偏差	%	5.76	22.5
低压给水加热器总耗汽	kg/s	84.101	80.419
热平衡程序的目标值	kg/s	80.390	88.066
偏差	%	4.62	−8.68
低压透平排汽量	kg/s	511.700	514.517
热平衡程序的目标值	kg/s	508.798	510.971
偏差	%	0.57	0.69
计算凝水流量（忽略泄漏）	kg/s	595.801	594.937
热平衡程序的目标值	kg/s	589.188	599.037
偏差	%	1.12	−0.68

本章参考文献

[1]　Meyer, C. A., et al., ASME Steam Tables, 6th ed., American Society of Mechanical Engineers, New York, 1993.

[2]　ASME Steam Tables, Compact Edition, American Society of Mechanical Engineers, New York, 1993, 2006.

[3]　Bowman, C. F, Turbine Cycle Equipment Evaluation (TCEE) Workbook, *Electric Power Research Institute*, Product ID: 3002005344, 2015.

第9章 散 热 系 统

9.1 散热系统的目的

散热系统是一个将来自蒸汽透平和汽轮给水泵乏汽凝汽器的废热排到环境中的系统。散热系统的主要工质是循环水,在通过凝汽器时升温。由于散热系统的设计取决于核电站现场的因素,因此不同电站的配置差异很大。散热系统配置可分为开放式、冷却排放式和闭合式,其定义分别如下。

(1)开放式散热系统:从江、河、湖、海中吸取循环水,并将通过凝汽器后的高温循环水直接排放回水源。

(2)冷却排放式散热系统:从江、河、湖、海中吸取循环水,在通过凝汽器后,利用冷却塔等设备将循环水冷却后排放回水源。

(3)闭合式散热系统:循环水从散热设施(如冷却塔)中流出,经过凝汽器换热后,泵送回散热设施散热,形成闭合循环。

大多数现有的核电站采用开放式散热系统。由于美国部分州环境法规的限制,部分核电站采用了冷却排放式散热系统。内陆核电站往往采用闭合式散热系统。在运营成本上,闭合式散热系统比较昂贵,但通过适当的设计,可将其对核电站的成本影响最小化(见第6章),且其不需要绑定自然水源作为热井,扩大了核电站的选址区域。

开放式散热系统的基本设备包括循环水泵、管道和进出凝汽器管侧的阀门。冷却排放式和闭合式散热系统还包括散热装置,如机械通风冷却塔、自然通风冷却塔、喷淋系统和专用冷却湖等。这些设备将在后面的章节中进行详细介绍。冷却排放式散热系统通常包括冷却塔提升泵、阀门和将循环水输送至冷却塔的管道。一些开放式或冷却排放散热系统采用水下喷管,促进循环水混入河流、湖泊或海洋。闭合式散热系统需设置补水装置,以弥补蒸发、流失或排污而损失的循环水。一些核电站还采用在线凝汽器胶球清洗系统、碎屑过滤器和化学处理系统来提高主凝汽器的性能(参见第6章)。

散热系统的规模是成本与预期收益之间的一种平衡,电力收益由经济政策、电力价值及未来需求决定。较高的循环水流量、较大的主凝汽器和冷却塔等会降低低压透平背压,进而产生更多的电能。但这意味着需要更大的循环水泵和更多的机械通风冷却塔单元,也就意味着更高的建设成本。在包括可能很少发生的极端环境条件时的所有运行条件下,反应堆全功率运行的时间是否能够满足核电站的经济性指标,是规划核电站时必须考虑的问题。

9.2 循环水泵、阀与管道

由于从核电站排出余热需要大量的循环水,因此循环水泵是消耗辅助能源最多的设备之一。由于电动机的尺寸限制,核电站通常采用多个(至少三个)循环水泵。对于采用冷却塔的闭合式散热系统,所需的循环水泵压头是采用开放式或冷却排放式散热系统的近3倍,因此需要更多的循环水泵。多台循环水泵设置保留了一定的安全裕度,允许一台或多台循环水泵失效的情况下继续满功率运行。

少部分闭合式散热系统会采用增压泵,大多数应用的则是立式自吸泵,每个泵位于单独的集水坑中,通过叠梁安装在泵站的露天地板上。集水坑的设计应符合相关水力标准,电机需要具有相应的防水等级。在集水坑通常设拦污栅和移动式水滤网,以保护循环水泵和凝汽器免受杂质侵入。每个循环水泵都配有一个大的单速电动蝶阀,在启泵时缓慢打开蝶阀,以保持泵的推力均匀,避免系统管路中发生水锤现象。

循环水管道可以是现浇混凝土方形管道(通常在透平厂房内使用)或混凝土压力管道。一般情况下,除主凝汽器水箱入口处的短接管外,其余循环水管道不使用不锈钢材料。入口接管采用螺栓连接的法兰蝶阀,用来隔离凝汽器水室,满足清洁时停水的需要。单拱轮槽型橡胶膨胀节位于主凝汽器隔离阀和水室底部之间,以容纳主凝汽器管道与壳体的膨胀。如果采用在线管道清洁系统,则将海绵橡胶球注入凝汽器循环水入口管段中,并在出口管段中回收。循环水管道和水箱的设计应满足循环水泵工作压力的要求。

图9.1所示为位于湖面上的开放式散热系统的压头。立式自吸泵的叶轮位于湖面最低处以下,以便为泵提供足够的净正吸入压头。由于循环水泵只需要提供足够的压力来克服管道、阀门、主凝汽器的压降,所以当循环水通过主凝汽器换热管时,压头下降到主凝汽器换热管道的标高以下,需要在出口水室处进行第6章给出的充注流程。

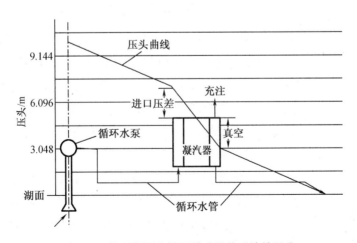

图9.1 位于湖面上的开放式散热系统的压头

图 9.2 所示为带有冷却塔的闭合式散热系统的压头。立式自吸泵的叶轮位于冷却塔底部冷水池水位以下,以便为泵提供足够的汽蚀余量。因为循环水泵需要提供足够的压头,以便克服管道、阀门、主凝汽器的压降,并提供将循环水提升至冷却塔顶部热水池中的压头。闭合式散热系统的压头远远高于主凝汽器管道和出水室的标高,因此无须充注。

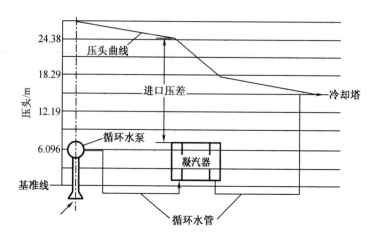

图 9.2　带有冷却塔的闭合式散热系统的压头

9.3　散 热 设 备

冷却塔、喷淋系统或冷却湖等散热装置的设计散热量是经济性的函数。冷却塔是目前最常见的散热装置,包括机械通风冷却塔和自然通风冷却塔。一些核电站使用了专门的冷却湖,优点是维护量小、循环水泵扬程低,如图 9.1 所示。目前很少有核电站采用动力喷淋模块,其已被证明不能满足使用需求。所有这些散热装置的性能都是空气湿球温度和相对湿度的函数。环境风速也是设计喷淋水池和冷却湖所必须考虑的因素。图 9.3 给出了离开冷却塔出口循环水温度与环境湿球温度、湿度之间的关系。从图 9.3 中可以看出,冷却塔在环境湿球温度值较低时的性能较好,一般这种关系适用于所有环境蒸发散热装置。

确定散热装置尺寸的一个关键参数是流出冷却塔的冷循环水温度与环境湿球温度的接近度。图 9.4 给出了不同相对湿度下冷却塔循环水出口温度差与环境湿球温度的关系。尽管冷却塔在湿球温度值较低时性能更好(图 9.3),但在冷却塔出口循环水与湿球温差较低时,冷却塔性能也很好,比单纯参考湿球温度更加符合实际。

散热装置的性能曲线常由供应商提供,类似于图 9.3,在一个指定气象点(即湿球温度、湿度和风速)下绘制,以预测其他运行条件下的性能。设备能否满足要求,取决于设计者的个人经验,通常指定某个极限条件下(如湿球温度,寿期中仅 1% 时间允许超过该极限)仍能保证性能。为了减少对校正曲线的依赖,应考虑让供应商按年均气象学参数提供性能曲线。这是因为验收测试都将在调试后的第一年进行,在指定极端条件下进行验收试验的机会可能只有一次,如果在其他时间进行试验,则会增加对修正曲线的依赖;如果技术规格是在年均气象学参数上制定的,则在第一年进行试验的机会有两次,实际试验结果更可能在保证点附近。

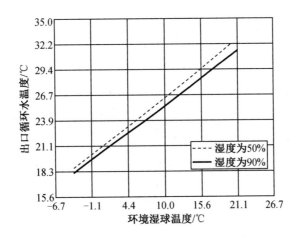

图9.3 冷却塔出口循环水温度与环境湿球温度、湿度的关系

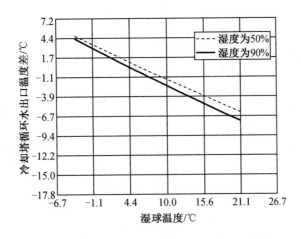

图9.4 冷却塔循环水出口温度差与湿球温度的关系

9.4 冷却塔提升泵

采用闭式冷却排放式散热系统的核电站需要配备冷却塔提升泵,其中循环水从循环水排放管道泵送至一个或多个冷却塔的顶部。这些提升泵站的设计通常是非常具有挑战性的,根据美国水力协会标准的建议,循环水排放通道中的流量通常相当高,不利于泵站集水坑的设计。冷却塔提升泵基本采用类似于循环水泵站的湿坑设计,但循环水已经通过冷凝器,通常不设进口滤网。与循环水泵一样,提升泵排水口上有一个大的单速电动蝶阀,泵启动前关闭,启动时缓慢打开。电机应满足防水标准。冷却塔的管道通常是混凝土压力管。

冷却排放式散热系统的循环水离开冷却塔后,循环水将被排放回河流、湖泊或海洋。由于对冷却塔提升泵的扬程要求高,以及操作机械通风冷却塔风机也消耗功率,因此冷却排放式散热系统显著增加了核电站的用电负荷。

9.5 冷却塔补水和排污

使用闭合式散热系统的核电站需要向循环水系统补水,以弥补因流失、排污和蒸发损失的循环水。系统运行过程中需要一定量的排污,以控制循环水的盐浓度比,即循环水与补给水中溶解固体浓度之比。否则,溶解物增加到极限时,会导致其在凝汽器传热管或冷却塔填料中被析出。

浓度循环倍率与排污流量的计算公式为

$$C = \frac{M}{B} \tag{9.1}$$

$$B = \frac{E + D}{C - 1} \tag{9.2}$$

式中　C——浓度循环倍率;

　　　M——补水流量;

　　　B——排污流量;

　　　E——汽化量;

　　　D——流失量。

对于补给不足的厂址,核电站将以非常高的浓度循环倍率运行,并通过向系统中添加酸来控制结垢。具有丰富可用补给水源的核电站通常保持相当低的浓度循环倍率,以削弱循环水腐蚀和结垢的趋势。Ryznar 稳定性指数常用于确定循环水的腐蚀或结垢倾向。为了计算该指数,需要以下补给水的数据作为输入:

(1)钙溶量;

(2)总碱度;

(3)总溶解固体量;

(4)温度;

(5)pH。

Ryznar 稳定性指数需要在 6.0~7.0 之间。冷却塔补给水可取自各种水源,包括河流、湖泊、地下水或污水处理厂的中水。对补给水进行过滤和化学处理非常重要,可以去除循环水系统中的软体动物等活体及其他杂质。

9.6　循环水的化学处理

在环境法规允许的情况下,核电站通常采用化学方法处理循环水,控制微生物污染的累积,改善主冷凝器的性能(参见第 6 章)。最常用的化学物质是氧化性杀菌剂,如氯制品等。即使在开放式或冷却排放式的散热系统中,由于氧化剂杀菌剂的浓度在大量水体中很快扩散,使杀菌效果更为良性,因此采用低水平处理的方法,允许每天进行 1 ~ 2 h。在采用冷却塔的闭合式散热系统中,循环水在通过填料层时,氧化性杀菌剂会快速溢出并挥发,因此氧化性杀菌剂不如非氧化性杀菌剂有效。非氧化性杀菌剂是专有的复杂有机化学品,稳定性好、不挥发,可在循环水中长期存在。非氧化性杀菌剂既昂贵又有毒,任何通过排污释放到环境中的物质都需要进行深度的预处理。非氧化性杀菌剂通常与表面活性剂等综合化学处理方案结合使用,以维持对循环水的化学控制。

9.7　在线清洗系统和滤网

图 9.5 给出了 Taprogge 制造的在线主凝汽器管清洗系统和滤网。在管道清洗系统中,将略大于主凝汽器传热管道内径的海绵橡胶球注入主凝汽器水箱的立管中。通过管束后,球被随机推动穿过传热管,并在出口水箱下方的出水管道被滤网收集。这些球流出凝汽器后被送至一个收集器,途中会有筛网结构的装置收集磨损的胶球,并定期更换。海绵橡胶球清理了主凝汽器管上的微生物污垢,从而使主凝汽管更高效,凝汽器性能更好。如果在系统运行之前,传热管内壁附有大量的黏液膜,则可使用研磨球去除该黏液膜。每个凝汽器水箱通常安装一个独立的管道清洗系统。使用如图 9.5 所示的滤网时不需要操作管道清洗系统。

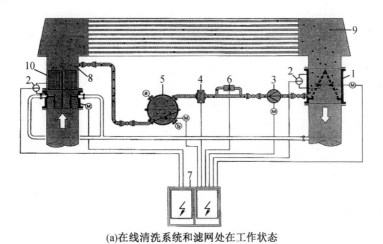

(a)在线清洗系统和滤网处在工作状态

图 9.5　在线主凝汽器管道清洗系统和滤网(由 Taprogge 提供)

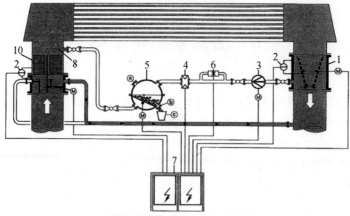

(b)在线清洗系统和滤网处在清洗状态

(a)1—D2 型过滤器;2—压差计;3—胶球回收泵;4—BRM-1 型胶球循环监控;5—集球箱;

6—BOM-1 型超标球监控;7—球舱;8—R 型补球装置;9—净球室;10—PR-BW 400 型滤网

(b)a—补球;b—移球;c—监控

图 9.5(续)

9.8 本 章 算 例

某大型核电站的自然通风冷却塔循环水的蒸发和流失损失分别为 630 L/s、25 L/s。假设所需的循环倍率为 2.2 才能避免结垢或腐蚀,确定所需的补给流量:

$$B = \frac{E+D}{C-1} = \frac{630+25}{2.2-1} \approx 546 (\text{L/s})$$

$$M = C \cdot B = 2.2 \times 546 \approx 1\,201 (\text{L/s})$$

本章参考文献

[1] *Hydraulic Institute Standards for Centrifugal*, *Rotary & Reciprocating Pumps*, 14th ed. , Hydraulic Institute, Piqua, OH, 1983.

第10章 冷 却 塔

10.1 冷却塔的种类

10.1.1 横流式机械通风冷却塔

图10.1所示为一种常见的横流式机械通风冷却塔结构示意图。横流式机械通风冷却塔由一个或多个单元组成,每个单元由一个放置在淋水填料层顶部的大型风扇组成。在核电站凝汽器中被加热的循环水被泵送至结构顶部,并均匀地布在结构顶部的热水池中。配有溅射装置的喷嘴嵌入热水槽底部,将循环水均匀地分布在下面的淋水盘填料层上。机械通风冷却塔每个单元顶部的电机驱动风扇通过百叶窗将空气吸入结构的侧面,空气穿过水面及水面迸溅的水滴时,对循环水进行冷却。空气通过除湿设备后,在机械通风冷却塔顶部的风扇离开冷却塔。设置除湿设备的目的是尽量减少从机械通风冷却塔填充段流出并通过风机的液滴。每个风扇周围都有一个风扇组,最大限度地减少热空气循环进入冷却塔,提高风扇的效率。冷却的循环水从所有机械通风冷却塔单元下方的冷水池中被收集,然后返回核电站继续循环。

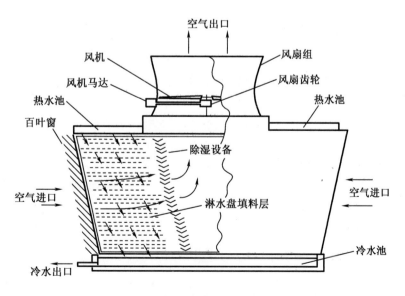

图10.1 横流式机械通风冷却塔结构示意图

一些较新的机械通风冷却塔设计配置了两个背靠背的单元,每个单元上方都有一个风扇,这样空气只能从一侧进入。这种设置减少了占用的土地面积,同时将一个大型电机分散为多个小型的风扇与驱动电机。

尽管大多数机械通风冷却塔由直线排列的单元组成,但一些设计将背靠背概念向前推进了一步,将背靠背单元中的各个单元集合排列成一个圆而不是一条线。

10.1.2　横流式自然通风冷却塔

图 10.2 所示为横流式自然通风冷却塔结构示意图。横流式自然通风冷却塔的工作方式与横流式机械通风冷却塔类似,只是气流是由自然循环的密度差效应产生的。即使没有循环水进入自然通风冷却塔,冷却塔顶部较低的空气密度也会引起空气流动。当核电站未运行,但仍有循环水流入自然通风冷却塔时,由于水蒸气的摩尔质量(18)小于空气的摩尔质量(29),进入冷却塔的空气密度较小。填料层的水散热负荷变多时,受热较轻的空气会上升,导致气流增加。当核电站运行时,添加到循环水中的热量会产生更大的气流,因为热饱和空气的密度更低。为了防止空气绕过填料层,类似遮挡篷的部件放置在冷却塔内换热区间及环形淋水盘填料层之间。

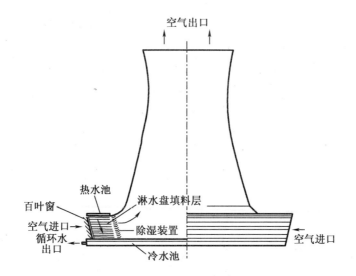

图 10.2　横流式自然通风冷却塔结构示意图

作为昂贵遮挡设备的替代品,一些较新的机械通风冷却塔设计将风扇定位在传热部分形成的圆圈内部和上方。这种设计还有一个额外的好处,那就是将机械通风冷却塔的羽流浓缩,使其更具浮力,并且很难再循环回填料层入口。

10.1.3　淋水盘式填料层

图 10.3 所示为常见的横流式机械通风冷却塔及横流式自然通风冷却塔内的淋水盘式

填料层。淋水盘式填料层可由多种材料制成,如木条等。但在核电站应用的大型横流冷却塔中,多采用塑料作为填料层材料。塑料板条的方向可以平行于或垂直于气流(平行方向对气流的阻力较小),板条通常由塑料或钢丝吊架系统支撑,开有通孔,形状多样。

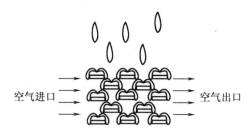

图 10.3　淋水盘式填料层

横流式冷却塔(包括机械通风和自然通风两种)的主要缺点是,在寒冷的天气下,填料层上容易结冰并堆积。为了防止结冰,核电站采用了多种方案应对。例如,将循环水中的大部分转移到自然通风冷却塔周边;关闭或反转机械通风冷却塔中的风扇;等等。但所有方案都需要仔细观察,以确定结冰开始的时机。因此,在有可能结冰的地方,横流冷却塔在某种程度上接受度较低。

10.1.4　逆流式机械通风冷却塔

图 10.4 所示为逆流式机械通风冷却塔结构示意图。与横流式机械通风冷却塔一样,逆流式机械通风冷却塔中的每个单元由一个附在结构顶部的大风扇组成,但淋水盘式填料层改为薄膜类填料层。加热的循环水通过提升泵到达位于填料层上方的管道系统,并通过安装溅射盘均水喷嘴,将循环水均匀地分布在薄膜填料层上。与横流式机械通风冷却塔一样,每个单元顶部的电机驱动风扇工作,将空气吸入结构的侧面。空气自下向上通过填料层,循环水沿着填料薄膜自上向下流动,然后落到下面的冷水池中。在与逆流的循环水相互换热后,空气通过除湿装置,在机械通风冷却塔顶部的风扇作用下离开冷却塔。冷循环水从所有冷却单元下方的冷水池中被收集到一个统一的水池中,并返回核电站继续循环。

10.1.5　逆流式自然通风冷却塔

图 10.5 所示为逆流式自然通风冷却塔结构示意图。加热的循环水通过混凝土立管向上泵送,混凝土立管到达位于填料层上方的管道系统,利用溅射喷嘴分配循环水。溅射喷嘴能够将循环水均匀地分布在薄膜填料层上。逆流式自然通风冷却塔的工作方式与逆流式机械通风冷却塔类似,不同之处在于,与横流式自然通风冷却塔一样,气流是由较高的冷却塔高度引起的密度差效应产生的。即使没有循环水流到冷却塔,由于塔顶空气密度较小,也能够引起自然风的流动。当核电站运行时,由于循环水带入的热量增加,空气密度进一步降低,因此气流也会增加。逆流式自然通风冷却塔在世界各地均比横流式自然通风冷却

却塔常见。Hamon Cooling Tower Company 与 Research Cottrell Corporation 合作，在世界各地推广了大量逆流式自然通风冷却塔。逆流式自然通风冷却塔的实际运行经验证明，其抗冰损伤能力更强，填料层更加耐用，损伤仅发生在换热段的外边缘。正因为如此，部分自然循环冷却塔从横流式改装为逆流式。

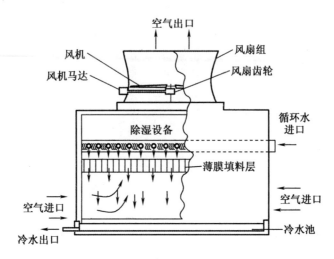

图 10.4　逆流式机械通风冷却塔结构示意图

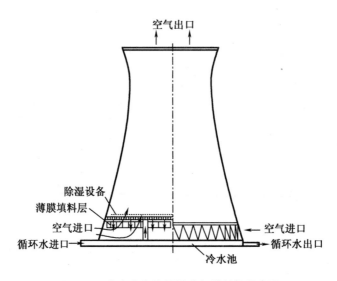

图 10.5　逆流式自然通风冷却塔结构示意图

10.1.6　薄膜填料层

图 10.6 所示为逆流式机械通风冷却塔和逆流式自然通风冷却塔所常用的薄膜填料层。薄膜填料层由多层非常薄的垂直薄板组成，这些薄板悬挂在结构构件上，因此当循环水落在薄板的顶部时，以薄膜形式流过薄板，然后落到下面的水池中。最初，这些薄膜板的材料

是石棉,但由于石棉对人体健康的危害性,现在已经更替成塑料制品。一些供应商提供具有增强表面纹理的板材,旨在促进更好的传热。

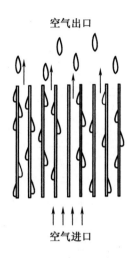

图 10.6 薄膜填料层

还有其他一些不太常见的冷却塔类型,如干式冷却塔,依靠与空气直接接触来冷凝低压透平的蒸汽;组合了空气冷却与湿式冷却塔功能的冷却塔,在环境温度较高时,通过在换热器中喷水来增强从蒸汽到空气的热传递(参见第 17 章)。此外,还有风机辅助的自然通风冷却塔,通过在冷却塔底部周围放置风机来促进气流,从而降低其围挡建筑的高度。

10.2 Merkel 方程

Fredrick Merkel 在 1925 年提出了冷却塔内建模的一种理论,将空气中通过对流传递到液膜的热量,与通过蒸发从液膜传递到环境中的热量联系起来[1]。这是第一次尝试对冷却塔中发生的过程进行建模。这种基于水和空气逆流接触的理论适用但不限于各种类型的冷却塔。

Merkel 提出了几个简化假设,将逆流冷却塔的换热关系简化为单个可分离变量的常微分方程,如下所示:

$$\frac{\mu \mathrm{d}t_w}{h_s - h_a} = \frac{KaV}{L} \tag{10.1}$$

式中 t_w——水温,℃;

$\quad\ h_s$——饱和空气在水温下的比焓,J/kg;

$\quad\ h_a$——空气比焓,J/kg;

$\quad\ K$——传质系数,kg/(s·m²);

$\quad\ a$——每个单元体积内的表面积,m²/m³;

$\quad\ V$——冷却体积,m³;

L——水流量,kg/s。

KaV/L 是一个无量纲的特征数,通常被称为传输单元数(NTU)。

由于边界条件已知,所以这个方程的左侧可以很容易用四点切比雪夫方法积分。该方程的右侧是一个无量纲数,即 NTU,与特定冷却塔设计的性能有关。早在 1943 年,福斯特惠勒公司就将扩散单元的数量绘制为冷却塔液(水)-气(空气)比的函数,生成冷却塔"需求曲线"。

Merkel 进行了如下假设:与空气接触的水被一层饱和空气所包围,而饱和空气又被大量空气流包围,如图 10.7 所示。Merkel 理论的简单性是简化假设的结果。

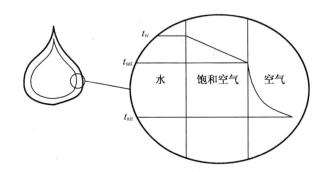

图 10.7　Merkel 模型的简化

Merkel 对水和空气之间的热传递做出了以下假设:

(1)饱和空气膜的温度与水滴温度相同;

(2)饱和空气膜对热传递没有阻力;

(3)空气中的蒸汽含量或绝对湿度与水蒸气的分压成比例(即以理想气体考虑);

(4)通过对流从空气传输到薄膜的热量,与通过蒸发从薄膜传输到环境空气的热量是均衡的,这个假设的结果是 Lewis 因子为 1;

(5)空气-水蒸气混合物的比定压热容和汽化热是恒定的;

(6)蒸发造成的水分损失被忽略;

(7)驱动热传递的是饱和空气和环境空气之间的焓差。

10.3　Merkel 方程的推导

冷却塔中的总传热率可表示为

$$dQ_t = dQ_s + dQ_e \tag{10.2}$$

式中　dQ_t——传热功率微分;

　　　dQ_s——显热传热功率微分;

　　　dQ_e——潜热传热功率微分。

对于显热,有

$$dQ_s = H(t_w - t_{db})dA_i \tag{10.3}$$

式中　H——局部换热系数；

　　　t_w——局部水温；

　　　t_{db}——局部空气干球温度；

　　　dA_i——表面积微分。

对于蒸发换热，微分传质速率与驱动势和传质系数的关系为

$$dE = KBdA_i \tag{10.4}$$

式中　dE——蒸发传质速率微分；

　　　K——传质系数；

　　　B——传质驱动势。

$$B = x_s - x \tag{10.5}$$

式中　x_s——在水面温度下，饱和空气中水的质量分数；

　　　x——空气中的水在大体积气流中的质量分数。

$$x_s = \frac{T_s}{1+T} \tag{10.6}$$

$$x = \frac{T}{1+T} \tag{10.7}$$

式中　T——绝对湿度。

$$B = \frac{T_s - T}{1+T} \tag{10.8}$$

热传递速率微分与传质速率微分和饱和水蒸气比焓有关，即

$$dQ_e = h_g dE \tag{10.9}$$

$$dQ_t = H(t_w - t_{db})dA_i + h_g K(x_s - x)dA_i \tag{10.10}$$

$$dA_i = adV \tag{10.11}$$

式中　a——每个单元中的表面积；

　　　V——冷却体积。

dQ_t 可以写成

$$dQ_t = KadV \cdot \left[\frac{H}{Kc_{p-a}} c_{p-a}(t_w - t_{db}) + h_g(x_s - x) \right] \tag{10.12}$$

式中　c_{p-a}——湿空气的比定压热容。

Merkel 简化了这种关系，以平衡态考虑空气/水界面处的饱和空气，认为通过对流从环境传递到饱和空气膜的热量与通过蒸发从膜传递到环境的热量相等，即

$$H(t_w - t_{db}) = Kh_g(x_s - x) \tag{10.13}$$

通过将这个方程的两边乘以 c_{p-a} 并合并同类项，结果就是 Lewis 因子：

$$Le = \frac{H}{Kc_{p-a}} = \frac{h_g(x_s - x)}{c_{p-a}(t_w - t_{db})} \tag{10.14}$$

假设 $Le = 1$，则 dQ_t 表示为

$$dQ_t = KadV \cdot \left[c_{p-a}(t_w - t_{db}) + h_g(x_s - x) \right] \tag{10.15}$$

传递到空气中的热量是从水中流失的,即

$$\mathrm{d}Q_t = \mathrm{d}(Lc_{p-w}t_w) \tag{10.16}$$

湿空气的焓微分变化是

$$\mathrm{d}h = c_{p-a}\mathrm{d}t + h_g\mathrm{d}x \tag{10.17}$$

假设湿空气的 c_{p-a} 与 h_g 平均值不变,焓方程变为

$$h = c_{p-a}t + h_g x \tag{10.18}$$

合并以上各式,有

$$\mathrm{d}(Lc_{p-w}t_w) = Ka(h_s - h_a)\mathrm{d}V \tag{10.19}$$

式中 h_s——饱和空气在水温下的焓;

h_a——气流空气焓。

假定水流量 L 和比热容 c_{p-a} 是常数,且 $c_{p-a} = 1$,有

$$\mu\mathrm{d}t/(h_s - h_a) = Ka\mathrm{d}V/L \tag{10.20}$$

式(10.20)就是著名的 Merkel 方程,是多年来冷却塔性能分析的标准方法。然而,如上所示,这种方法需要几个重要的简化假设。式(10.20)的右侧是给定空气流量的冷却塔内填料层深度的表示。

10.4 确定 KaV/L 的值

图 10.8 所示为在标准大气压下表征空气特性的湿度图,即逆流冷却塔中发生的传热。由图可知,由于大空间空气较冷,通过填料层时被加热,热量从水传递到空气,饱和空气(水温下)在冷却时沿着饱和曲线向下移动。传热的驱动势为 $h_w - h_a$。

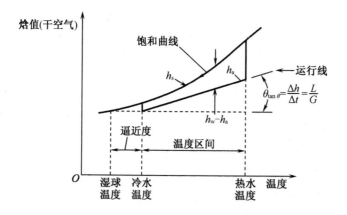

图 10.8   在标准大气压下表征空气特性的湿度图

图 10.9(a)说明了 Merkel 方程左侧的积分,等于 KaV/L 或冷却塔的 NTU。

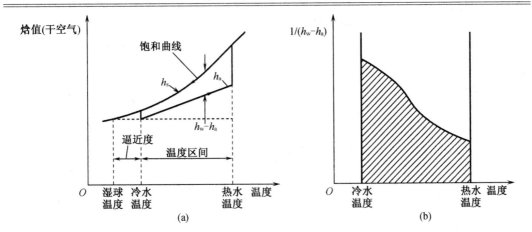

图 10.9 逆流冷却塔中温度传递驱动势的湿度图

采用一些积分方法可用来确定 NTU 的值。原始切比雪夫方法[2]为

$$\frac{KaV}{L} = \int_{t_{cold}}^{t_{hot}} \frac{\mathrm{d}t}{h_s - h_a} = \frac{t_{s\text{-}i} - t_{s\text{-}o}}{4}\left(\frac{1}{\Delta h_1} + \frac{1}{\Delta h_2} + \frac{1}{\Delta h_3} + \frac{1}{\Delta h_4}\right) \qquad (10.21)$$

10.5 液 汽 比

空气通过塔时的焓增量与水温增量之比的正切值称为液气比,如图 10.8 所示,它是一个非常重要的参数。液气比可通过将 L(即循环水流量,美制单位为 gal/min,1 gal/min = 4.546 091 1 m³/h)除以 G(即饱和空气流量,美制单位为 ft³/min,1 ft³/min = 1.699 m³/h)得到116.5,如下所示(下式单位全部为美制单位):

$$\frac{L}{G} = \frac{\dfrac{L(\text{gal/min}) \times 60(\text{min/h}) \times 62(\text{lb/ft}^3)}{7.48(\text{gal/ft}^3)}}{G(\text{ft}^3/\text{min}) \times 60(\text{min/h}) \times 0.071(\text{lb/ft}^3)} \Rightarrow \frac{L(\text{gal/min})}{G(\text{ft}^3/\text{min})} = 116.5 \qquad (10.22)$$

对于机械通风冷却塔,当将试验条件与设计条件进行比较时,必须根据风机定律对试验期间测得的实际水负荷和风机功率进行校正:

$$\frac{G_{corrected}}{G_{design}} = \left(\frac{BHP_{test}}{BHP_{design}}\right)^{\frac{1}{3}} \qquad (10.23)$$

$$G_{corrected} = G_{design}\left(\frac{BHP_{test}}{BHP_{design}}\right)^{\frac{1}{3}} \qquad (10.24)$$

$$\left(\frac{L}{G}\right)_{test} = \frac{L_{test}}{G_{design}\left(\dfrac{BHP_{test}}{BHP_{design}}\right)^{\frac{1}{3}}} = \frac{L_{test}}{G_{design}}\left(\frac{BHP_{test}}{BHP_{design}}\right)^{\frac{1}{3}}$$

$$= \frac{L_{design}}{L_{design}}\frac{L_{test}}{G_{design}}\left(\frac{BHP_{test}}{BHP_{design}}\right)^{\frac{1}{3}} = \left(\frac{L}{G}\right)_{design}\frac{L_{test}}{L_{design}}\left(\frac{BHP_{test}}{BHP_{design}}\right)^{\frac{1}{3}} \qquad (10.25)$$

10.6 冷却塔的性能与测试

冷却塔冷却能力衡量冷却塔在冷却循环水的能力能否满足设计性能。冷却塔容量的近似定义是冷却塔在指定的湿球温度下冷却到指定冷水温度的循环水占总循环水流量的百分比。然而,这个定义忽略了水负荷对气流速度的影响。冷却塔容量更准确的定义如下:

$$T_{\text{capability}} = \dfrac{\left(\dfrac{L}{G}\right)_{\text{test-corrected}}}{\left(\dfrac{L}{G}\right)_{\text{design}}} \tag{10.26}$$

图 10.10 所示为冷却塔设计 L/G 示意图。该设计旨在实现冷水温度对湿球温度的尽量逼近。冷却塔供应商提供的曲线显示了给定冷却塔填料层能够达到的 KaV/L(NTU)量,作为冷却塔 L/G 的函数。特别地,较低的 L/G(即较少的水负荷)将导致较高的 NTU,但需要较大的冷却塔来冷却相同量的循环水。冷却塔研究所(CTI)提供的曲线显示了冷却塔达到指定 NTU 所需的预估 L/G,该冷却塔的设计是为了达到尽可能小的逼近度。这两条线相交产生了最小湿球温度逼近度的设计 L/G。然而,冷却塔试验几乎从未在设计条件下进行过。冷却塔按照 CTI 规范《水冷塔验收试验规范》(ATC-105)进行试验。

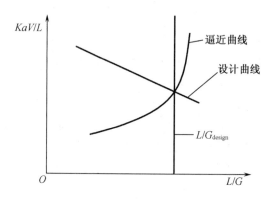

图 10.10 冷却塔设计 L/G 示意图

冷却塔试验中,KaV/L 的值通过测量入口和出口循环水温度来确定,试验结果在 KaV/L-L/G 图上建立了一个不同的点,如图 10.11 所示。

该方法是通过 KaV/L 和 L/G 的交叉点,画一条与供应商提供的线平行的第二条直线,因为代表试验结果的线(虚线)在代表供应商设计的线的上方,试验线与表示 L/G 设计值的接近曲线的右侧相交。试验结果表明,L/G 略大于设计值。L/G 的试验值与设计值的比值表示冷却塔能力相对于设计值的偏差。

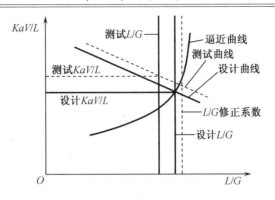

图 10.11　冷却塔测试结果图

10.7　冷却塔仿真算法与发展

许多年来,绝大多数与冷却塔设计和性能计算相关的传热计算都是基于 Merkel 方程的。1983 年,美国田纳西河流域管理局(TVA[3])对 39 台机械通风冷却塔和 32 台自然通风冷却塔进行了调查,结果表明,试验所证明的冷却塔性能平均值为 85%。当时,大多数的冷却塔都是根据 Merkel 方程设计的。

多年来,为了弥补在推导 Merkel 方程时所做的几个假设导致的过大偏差,科研人员设计了许多冷却塔的仿真算法。

1949 年,Mickley[4]引入了温度和湿度梯度,其中包括从水到饱和空气膜,从膜到大空间空气流的传热和传质系数。Merkel 法的主要缺点出现在高温条件下,由于 10.2 节中的假设(1),热水温度每升高 6.67 ℃,就可能导致 2% ~5% 的误差。1952 年,Baker 和 Mart[5]提出了"热水修正系数"的概念。1955 年,Snyder[6]根据其进行的试验,建立了横流冷却塔中填料层每单位体积的总焓传递系数的经验公式。1956 年,Zivi 和 Brand[7]将 Merkel 的分析扩展到横流冷却塔。1961 年,Lowe 和 Christie[8]对几种类型的逆流填料层进行了试验研究,在数据简化中采用了 Merkel 模型。1975 年,Hallett[9]提出了冷却塔特性曲线的一般形式:

$$KaV/L = C\left(\frac{L}{G}\right)^{-n} \tag{10.27}$$

式中,C 和 n 均是经验系数。

1976 年,Kelly[10]使用 Zivi 和 Brand 的模型以及实验室数据生成了大量横流冷却塔特性曲线及需求曲线,用于图形解决方案和设计计算。1979 年,Penney 和 Spalding[11]介绍了一种基于有限差分法的自然通风冷却塔模型。1981 年,Majumdar 和 Singhal[12]将模型扩展到机械通风冷却塔。

最近的研究表明,Lewis 因子不是常数,而是取决于热交换表面附近边界层的性质和混合物的热力学状态。为了补偿这些因素,人们做了许多尝试,湿式冷却塔的 Lewis 系数在 0.5 ~1.3 之间。1983 年,Bourillot[13]对 EPRI 进行研究,得出结论:湿式冷却塔的 Lewis 系数约为 0.92。1989 年,Bell[14] 记载了 EPRI 对八种横流和八种逆流填料层进行的试验。根据这些试验数据,Feltzin 和 Benton[15] 在 1991 年得出结论,对于逆流式的填料层,Lewis 系数取 1.25 是合适的。

1983 年,一些关于预测冷却塔性能的计算机程序的论文被发表。Johnson[16] 提出了一个基于 NTU 效能方法的换热器模型。Bourillot[17] 根据 Zivi 和 Brand 的传热传质方程建立了 TEFERI 模型。逆流冷却塔的 TEFERI 模型是一个一维模型,其假设入口的水和空气的温度及流量是均匀的。但是,该算法由于蒸发而造成水损失,但水流速在流经冷却塔时并不保持均匀。Benton[18] 开发了冷却塔快速分析(FACTS)模型,该模型采用空气和水蒸气质量守恒方程、能量守恒方程和伯努利方程的积分公式,以得出除 Merkel 类比之外的数值解。冷却塔快速分析模型是一个稳态的、稳定的流体模型,它比一维模型更复杂,但是它包含的简化使它不能被归类为真正的二维模型。冷却塔快速分析模型可以适应可变的进水、空气温度以及混合填料层。然而,Merkel 模型忽略蒸发造成的水分损失的假设也被纳入了该模型。图 10.12 给出了与采用横流机械通风冷却塔的 Browns Ferry 核电厂、采用横流式自然通风冷却塔的 Sequoyah 核电厂和采用逆流式自然通风冷却塔的 Paradise Fossil 核电站的冷却塔快速分析模型符合程度。

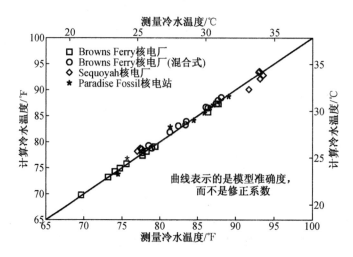

图 10.12　冷却塔快速分析模型验证

冷却塔快速分析模型被广泛用于电力公司对冷却塔性能进行建模。

1984 年,Lefevre[19] 重新讨论了 Merkel 方程的推导,并评估了几个假设的误差。他还重新审视了 Merkel 方程的原始基础,即能量平衡:

$$Lc_{p(w)}\,dt_w + c_{p(w)}t_w dL = Gdh_a = K(h_s - h_a)adV \tag{10.28}$$

式(10.28)可以简单地描述为水的热量损失等于水的流速乘以水的比定压热容,再乘以水温的变化,加上蒸发损失的热量;该热量损失等于空气的流速乘以空气焓变,也等于传质系数乘以焓差:

$$\frac{\left(\dfrac{G}{L_{in}}\right)\mu dh_a}{h_s - h_a} = \frac{KaV}{L_{in}} \tag{10.29}$$

Lefevre 指出,可以像 Merkel 方程一样,较为容易地对方程右侧进行积分,而不必假定 L 为常数,即 dL 不为零。然而,该模型仍然存在与 Merkel 提出的其他假设相关的缺陷,包括在较高水温下的误差。因此,Lefevre 应用了无量纲 Merkel 修正系数 M:

$$M \frac{\frac{G}{L_{in}} \mu \mathrm{d}h_a}{h_s - h_a} = \frac{KaV}{L_{in}} \tag{10.30}$$

M 由以下拟合公式计算(温度单位为 °F):

$$M = 1 + \exp\{ C_0 + t_w [C_1 + t_w (C_5 + C_6 t_w)] + t_a (C_3 + C_2 t_w + C_4 t_a) \} \tag{10.31}$$

式中,$C_0 = -7.845\ 656$;$C_1 = 0.073\ 022\ 9$;$C_2 = -6.298\ 29 \times 10^{-5}$;$C_3 = 0.011\ 204\ 7$;$C_4 = -7.646\ 384 \times 10^{-7}$;$C_5 = -0.000\ 388\ 04$;$C_6 = 1.269\ 72 \times 10^{-6}$。

Lefevre 还指出,在不忽略蒸发的情况下,可以采用更精确的模型,从而将驱动势表示为空气焓的传热势。然而,由于该方法需要大量数据,Lefevre 并不提倡使用这种方法。许多冷却塔供应商采用某种形式的 Lefevre 模型。1991 年,Feltzin 和 Benton[20] 导出了 Lefevre 提出的一个更精确的模型,并将该模型的结果与 Merkel 方程进行了比较,发现该模型和 Merkel 方程之间的差异为 1% ~ 3%。然而,Feltzin 和 Benton 模型不包括与 Lefevre 模型中类似的经验修正系数。

1992 年,Desjardins[21] 采用 Mickley 在 1949 年提出的"偏移"热水温度概念,分析了 EPRI 试验数据。Desjardins 使用了 Lefevre 提出的更精确的模型和高斯积分求积法,并且模型与 EPRI 数据的相关性得到了改善性的结论。

10.8　冷却塔快速分析模型的技术基础

冷却塔快速分析模型(FACTS)中,所做的建模假设如下:

(1)横流式冷却塔填料层的气流按二维模拟,逆流式冷却塔填料层的气流按一维模拟;

(2)湿球温度视为绝热饱和温度;

(3)冷却塔是外部绝热的;

(4)自然通风冷却塔周围的大气是等熵的;

(5)水在塔内的流动视作垂直向下流动;

(6)在水质量平衡中,忽略了蒸发损失。

FACTS 模型基于空气和水蒸气的质量守恒以及气相与水相的能量守恒。这些守恒方程与伯努利方程共同构成了封闭方程组,由 FACTS 模型求解,以模拟冷却塔的性能。所使用的伯努利方程的形式为

$$p_1 + \frac{\Delta_1 v_1^2}{2g_c} + \frac{\Delta_1 g y_1}{g_c} = p_2 + \frac{\Delta_2 v_2^2}{2g_c} + \frac{\Delta_2 g y_2}{g_c} + p_{loss} \tag{10.32}$$

式中　p_1、p_2、p_{loss}——压力;

　　　Δ——密度;

V——总流速;

g_c——标准重力加速度;

g——当地重力加速度。

按 10.3 节的方法有

$$dQ_s = H(t_w - t_{db})dA_i \tag{10.33}$$

$$dE = KBdA_i \tag{10.34}$$

$$dQ_e = h_g dE \tag{10.35}$$

用绝对湿度 T 表示这些方程,令

$$dV = dxdydz \tag{10.36}$$

则上述三个方程分别转化为

$$dQ_s = Ha(t_w - t_{db})dxdydz \tag{10.37}$$

$$dE = Ka\frac{T_s - T}{1 + T}dxdydz \tag{10.38}$$

$$dQ_e = h_g Ka\frac{T_s - T}{1 + T}dxdydz \tag{10.39}$$

这些方程以稳态、定常流动形式应用。自变量为水平距离(x)、垂直距离(y)、水的总质量流量、入口热水温度以及环境湿球温度、干球温度。守恒方程中的因变量是空气速度、绝对湿度、空气 – 水蒸气混合物的焓、水温和压力。湿球温度和干球温度是根据 t、h_a 和 p 的计算值,利用下列空气 – 水蒸气混合物的热力学方程确定。因变量和自变量之间的相互关系体现在下列守恒方程的公式中。控制体积内水蒸气的质量守恒表示如下:

$$\iiint Ka\frac{T_s - T}{1 + T}dxdydz = \iint \frac{T\Delta}{1 + T}V \cdot dA \tag{10.40}$$

式中　$V \cdot dA$——向量 V 和 dA 的点乘。

对于控制体积内空气的能量守恒,表示如下:

$$\iiint \left\{ h_g Ka\frac{T_s - T}{1 + T} + Ha(t_w - t_{db}) \right\}dxdydz = \iint \frac{h_a\Delta}{1 + T}V \cdot dA \tag{10.41}$$

最终,对于控制体积内的水,能量守恒方程为

$$Lc_{p\_w}dt_w = -\iiint \left\{ h_g Ka\frac{T_s - T}{1 + T} + Ha(t_w - t_{db}) \right\}dxdydz \tag{10.42}$$

模拟冷却塔中的质量、动量和传热过程需要对冷却塔进行离散化,将其划分为多个计算网络。将每个网络视为控制体积,并将控制方程应用于每个网络。在每个网络中,利用来自相邻上游网络的计算结果作为输入。这些变量是在位于网络边界中定义的,边界节点的使用保证了网络间质量和能量的守恒。将伯努利方程和守恒方程应用于每个网络,得到一组与因变量有关的非线性联立方程。这些隐式非线性方程组通常采用高斯 – 赛德尔迭代法求解。

对于逆流式冷却塔,假设空气在共线双曲面路径之间流动。计算每个路径之间的空气质量流量分数,反映填料层和雨区的流动阻力。将填料层的压降和传递特性沿径向进行积分,由速度头、气流和水流加权,得到平均值。这些平均值用于一维积分守恒方程。

对于横流式冷却塔,气流分布采用伯努利方程(含水头损失)和空气质量守恒进行评估。这些方程适用于每个计算网络。

空气和水的具体入口条件(温度和流量)可在整个入口平面上变化。FACTS 要求输入一个显热传递系数 H 和一个传质系数 K,它们是填料层特性函数的输入量。该算法可以对包含混合填料层或具有空隙、障碍物的填料层的冷却塔进行建模,允许在逆流塔中输入喷淋区和雨区的独立关联式。

10.9 本 章 算 例

冷却塔 127 kW 风机设计用于通过填料层吸入 34 830 m^3/min 空气,水负荷为 65.1 m^3/min。试验结果表明,功率为 137 kW 时,水负荷为 65.3 m^3/min。假设水和空气的密度分别为 1 000 kg/m^3、1.225 kg/m^3,确定设计和试验 L/G 比。

$$\left(\frac{L}{G}\right)_{design} = \frac{Q_{L-design}\rho_L}{Q_{G-design}\rho_G} = \frac{65.1 \times 1\,000}{34\,830 \times 1.225} = 1.53$$

$$G_{test} = G_{design}\left(\frac{P_{test}}{P_{design}}\right)^{\frac{1}{3}} = 34\,830 \times \left(\frac{137}{127}\right)^{\frac{1}{3}} = 35\,721\,(m^3/min)$$

$$\left(\frac{L}{G}\right)_{test} = \frac{Q_{L-test}\rho_L}{Q_{G-test}\rho_G} = \frac{65.3 \times 1\,000}{35\,720 \times 1.225} = 1.49$$

本章参考文献

[1] Merkel, F. *Verduftungskuhlung*. VDI Forschungsarbeiten, Berlin, Germany, no. 275, 1925.

[2] Chebyshev, P. L. Théorie des mécanismes connus sous le nom de parallélogrammes, *Mémoires des Savants étrangers présentés à l'Académie de Saint-Pétersbourg*, vol 7, 1854, pp. 539-586.

[3] Boroughs, R. D., and J. E. Terrell, *A Survey of Utility Cooling Towers*, Tennessee Valley Authority, Chattanooga, TN, April 1983.

[4] Mickley, H. S, Design of Forced Draft Air Conditioning Equipment, *Chemical Engineering Progress*, vol. 45, 1949, p. 739.

[5] Baker, R. and L. T. Mart, The Merkel Equation Revisited, *Refrigeration Engineering*. 1952, p. 965.

[6] Snyder, N. W., Effect of Air Rate, Water Rate, Temperature, and Packing Density in a Cross-flow Cooling Tower, *Chemical Engineering Progress*, vol. 52, no.18, 1955, p. 61.

[7] Zivi, S. M. and B. B. Brand, An Analysis of the Cross Flow Cooling Tower,

Refrigeration Engineering, vol. 64, 1956, pp. 31-34.

[8] Lowe, H. J. and D. G. Christie, *Heat Transfer and Pressure Drop in Cooling Tower Packing and Model Studies of the Resistance of Natural-Draft Towers to Airflow*, paper at *International Division of Heat Transfer*, Part V, p. 933, ASME, New York, 1961.

[9] Hallett, G. F, Performance Curves for Mechanical Draft Cooling Towers, *Journal of Engineering for Power*, vol. 97, 1975, pp. 503-508.

[10] Kelly, N. W. , *Kelly's Handbook of Crossflow Cooling Tower Performance*, Neil W. Kelly and Associates, Kansas City, MI, 1976.

[11] Penney, T. R. and D. B. Spalding, *Validation of Cooling Tower Analyzer (VERA)*, Vols. 1 and 2, EPRI Report FP-1279, Electric Power Research Institute, Palo Alto, CA, 1979.

[12] Majumdar, A. K. and A. K. Singhal, *VERA2D-A Computer Program for Two-Dimensional Analysis of Flow, Heat and Mass Transfer in Evaporative Cooling Towers, Vol. II- User's Manual*, Electric Power Research Institute, Palo Alto, CA, 1981.

[13] Bourillot, C. , *On the Hypotheses of Calculating the Water Flowrate Evaporated in a Wet Cooling Tower*, EPRI CS-3144-SR, Electric Power Research Institute, Palo Alto, CA, 1983a.

[14] Bell, D. M. , B. M. Johnson, and E. V. Werry, *Cooling Tower Performance Prediction and Improvement*, EPRI GS-6370, Electric Power Research Institute, Palo Alto, CA, 1989.

[15] Feltzin, A. E. and D. J. Benton, *A More Nearly Exact Representation of Cooling Tower Theory*, Cooling Tower Institute, Houston, TX, 1991.

[16] Johnson, B. M. , D. K. Kreid, and S. G. Hanson, A Method of Comparing Performance of Extended-Surface Heat Exchangers, *Heat Transfer Engineering*, vol. 4, no. 1, 1983, pp. 32-42.

[17] Bourillot, C. . TEFERI, *Numerical Model for Calculating the Performance of an Evaporative Cooling Tower*, EPRI CS-3212-SR, Electric Power Research Institute, Palo Alto, CA, 1983.

[18] Benton, D. J, *A Numerical Simulation of Heat Transfer in Evaporative Cooling Towers*, Report WR28-1-900-1 l0, Tennessee Valley Authority, K noxville, TN, 1983.

[19] Lefevre, M. R. , "*Eliminating the Merkel Theory Approximations-Can It Replace the Empirical 'Temperature Correction Factor'* ?", Cooling Tower Instute, Houston, TX, 1984.

[20] Feltzin, A. E. and D. J. Benton, *A More Nearly Exact Representation of Cooling Tower Theory*, Cooling Tower Institute, Houston, TX, 1991.

[21] Desjardins, R. J. , *Using the EPRI Test Data to Verify a More Accurate Method of Predicting Cooling Tower Performance*, Cooling Tower Institute, Houston, TX, 1992.

第11章 冷 却 湖

11.1 冷却湖的优势

一些核电站为了将循环水中的废热散发到大气中,依靠自然湖泊或人工挖掘,设计了冷却湖。在土地丰富和地形有利的地区,由于经济性原因,专用冷却湖较冷却塔相比更有吸引力。其优点包括较少的维护量、较低的循环水泵压头。此外,相较于冷却塔,冷却湖体量较大,固有热惯性(时间通常以天为单位)能够避免在气象条件变化时循环水温度的快速波动。冷却湖造成的局部起雾和结冰事件也比机械通风冷却塔少很多。由于循环水排水温度较高,一些商业公司已经在核电站的冷却湖周围进行私人开发。然而在美国,部分冷却湖,特别是那些自然形成的湖泊,被宣布为国有水域,为保护水生生态,各州对循环水排热量实施限制,制约了核电站的应用。

11.2 冷却湖尺寸的确定

与所有的散热装置一样,确定冷却湖的大小是资本成本与经济政策、电能价值和未来需求所确定收益之间的权衡。地理位置决定了净太阳辐射量和环境风速(确定冷却湖大小的两个最重要参数),是冷却湖经济性的决定性因素。另一个考虑因素是拟建冷却湖的形状。通常情况下,循环水大部分能够横穿冷却湖时,其有效表面积和体积将接近实际的面积与体积。然而,由于自然溪流蓄水而形成的冷却湖底部凹凸不平,影响水的流动与搅混,在估算冷却湖的散热能力时,这些凹陷部分的面积和体积(小体积)必须以小于1的系数修正计算。核电站现有冷却湖的比面积通常为 $1.0 \sim 1.5$ 英亩[①]/MW($4\,047 \sim 6\,070$ m²/MW)电输出。

11.3 冷却湖水平均温度的计算

核电站循环水废热排放所需冷却湖水的平均温度,是有效面积 a、平衡温度 E 和表面换

[①] 1 英亩 $= 4\,046.856\,422\,4$ m²。

热系数 K 的函数，E 用水面温度代表，如果核电站没有向冷却湖添加热量，则认为不发生蓄热。通俗地讲，E 是一盆水放在太阳下所能达到的温度。

1965 年，Edinger 和 Geyer[1] 证明 K 的定义如下：

$$K = 20\,441 \left[15.7 + (\beta + 0.26) f(W) \right] \tag{11.1}$$

式中 K 的单位是 $J/(d \cdot m^2 \cdot ℃)$。20 441 是英制单位 $Btu/(d \cdot ft^2 \cdot °R)$ 的转换系数。除特殊标注的外，下面变量均采用国际单位制。

式（11.1）中的第一项 15.7，是已知的背景环境辐射；第二项中的 β 是图 11.1 所示饱和蒸汽压曲线的斜率，定义如下：

$$\beta = \frac{0.556(e_s - e_a)}{0.133(AST - DPT)} \tag{11.2}$$

式中　e_s——湖面温度下的饱和蒸气压；

　　　e_a——空气蒸汽分压，kPa；

　　　AST 和 DPT——湖面平均温度和环境露点温度，℃；

　　　0.556——mmHg① 与国际单位的转换系数；

　　　0.133——℉ 与国际单位的转换系数。

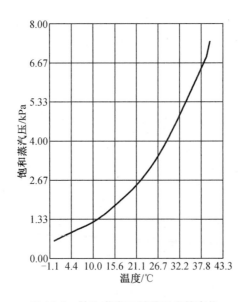

图 11.1　饱和蒸汽压随着温度的变化

0.26 是 Bowen 传导蒸发系数，单位为 mmHg/℉（本处直接应用）。最后一项 $f(W)$ 是风速函数，在后文介绍。

Edinger 和 Geyer 还得出水体热平衡温度 E 的简单描述，具体如下：

$$E = DPT + \frac{H_{SN}}{K} \tag{11.3}$$

---

① 1 mmHg = 133.322 4 Pa。

式中 H_{SN}——太阳能的净加热量,$J/(m^2 \cdot d)$。

$$AST = E + \frac{H_{rj}}{K} \tag{11.4}$$

式中 H_{rj}——电站的排热量,$J/(m^2 \cdot d)$。

因此,对于给定的一组环境条件(DPT、H_{SN}和环境风速),核电站排出废热的能力是 β 和 $f(W)$ 的函数。

1969 年,Brady 等人[2]在分析了十几个地点后,在得克萨斯州的三个冷却湖收集了数据。3 号点为 Coughlin 电站的一个浅水湖,有许多树荫小湾,正常情况下流入量可忽略不计。7 号点是 Smith 湖,一个为 A. W. Parish 电站冷却的大型浅水湖,大致呈三角形,只有几个小水湾。11 号点是 Wilkes 电站的一个深水湖,有两个主要分支,被树木覆盖的丘陵地形遮蔽,正常情况下流入量可忽略不计。电站循环水在一条支路末端附近排放,在另一条支路末端附近回收。

蒸汽压曲线斜率利用以下近似值:

$$\beta = 0.255 - 0.008\,5t_\beta + 0.000\,204t_\beta^2 \tag{11.5}$$

$$t_\beta = 1.8 \times \frac{AST + DPT}{2} + 32 \tag{11.6}$$

式(11.6)中的系数为℉与℃的转换系数。

设计师为确定 $f(W)$ 而进行的一些研究中,假设函数与 W 呈线性关系,有些研究假设在零风速下该值为 0。然而,文献[2]中的 1969 年数据表明 $f(W)$ 在零风速下不是 0。就像冷却塔一样,即使没有环境风,空气在水面上产生的湿度也会导致较轻的空气产生上升气流和风。$f(W)$ 函数的最佳近似是多项式回归:

$$f(W) = a_0 + a_1 + a_2^2 + \cdots \tag{11.7}$$

在进行多元回归分析以解决诸如云量、湖泊蓄热变化、测量时间周期等因素后,Edinger 和 Geyer[1]通过测量湖泊中的 AST,估算风速函数的表达式如下:

$$f(W) = [70 + 0.7(W/0.447\,04)^2] \times 85\,387.42 \tag{11.8}$$

式中,风速 W 的单位是 m/s;$f(W)$ 的单位是 $J/(m^2 \cdot kPa \cdot d)$。

因此,人们可以按以下方式估算用于散发核电站废热的冷却湖的平均温度:

(1)假设一个 T_s,利用式(11.6)计算 T_β;

(2)采用式(11.5)计算 β;

(3)采用式(11.8)计算 $f(W)$;

(4)采用式(11.1)计算 K;

(5)采用式(11.3)计算 E;

(6)设 $AST = T_s$,采用式(11.4)计算 T_s。

通过上述步骤迭代计算,能够得到湖水平均温度 T_s 的值。

11.4 确定循环水入口温度

当然,核电站运行人员对湖水平均温度不感兴趣,而是对循环水进水温度感兴趣,这会影响主凝汽器背压和核电站的电力输出。在特定的气象条件下,达到最低进水温度的程度取决于发生的纵向混合量(即温度分层)以及电厂排放和进水之间流量分布的均匀性(即无直接吸取排放水)。这两种现象都表现为将较温暖的水从排水口输送到取水口的路径拉长、面积摊大。

图 11.2 所示为纵向混合冷却湖示意图。Brady 等人[2]研究表明,如果取水口位于湖面上,则取水口温度可计算如下:

$$T_{CCW-in} = E + \theta \tag{11.9}$$

$$\theta = (T_{CCW-o} - T_{CCW-i}) \cdot NTU \tag{11.10}$$

$$NTU = \frac{UA}{Mc_p} \tag{11.11}$$

式中 E——水面温度;
T——水温;
θ——平均温差;
M——水质量;
A——换热面积。

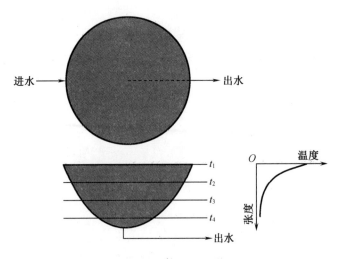

图 11.2 纵向混合冷却湖示意图

当然,如果取水口位于如图 11.2 所示的湖底,则循环水取水口温度将因湖中的分层而降低。

图 11.3 所示为冷却湖纵向未混合设计示意图。纵向未混合的冷却湖通常相对较浅。尽管其深度能够保证太阳辐射的热量不会到达湖底,但这种冷却湖会尽可能将太阳辐射反

射。这些冷却湖通常设计为流量尽可能均匀分布,使得横向温度均匀的冷却水从一端流动到另一端,并随着其流动而降温。

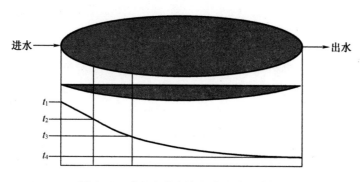

图 11.3　冷却湖纵向未混合设计示意图

Brady 等人[2]提供的进水温度计算方法如下:

$$T_{CCW-in} = E + \theta \tag{11.12}$$

$$\theta = T_C \times \frac{X}{1-X} \tag{11.13}$$

$$X = e^{-\frac{1}{NTU}} \tag{11.14}$$

式中　X——深度系数。

两种不同的冷却湖形态都不能将循环水入口温度降低到环境温度 E 值以下。但是,在没有明显分层的情况下,图 11.3 中所示的纵向未混合方式将产生更低的温度,因为在极限情况下,它能够接近 E 值。由于没有分层,无论 E 值多大,图 11.2 所示的纵向混合方式将始终无法接近 E 值。

11.5　计算有效表面积

进行 11.3 节和 11.4 节所述的计算时,其中的一个关键参数是有效表面积 A。具有良好设置的冷却湖,如果采用堤坝来疏导循环水,避免核电厂循环水排放口和进水口之间的纵向混合与直联,有效表面积将接近实际表面积的 90%。然而,在实际工程中,由蓄水池形成的冷却湖通常有狭窄的水道,在那里向环境的热传递并不是最佳的,尤其是那些狭长且浅的水湾。这种冷却湖的分析需要有限元技术,这超出了本书的研究范围,但将在 11.6 节中做简要讨论。

作为一个实际问题,如果冷却湖的形状接近 11.4 节中描述的配置之一,则可以通过记录环境条件、循环水进口温度和核电站排出的热量(参见 6.3 节),随时间推移得出冷却湖的近似有效表面积,通过测量循环水进水温度来迭代计算冷却湖的有效面积。

11.6 冷却湖的数值模拟

很明显,11.3 节和 11.4 节中描述的相对简单的分析方法尽管不受工具的限制,但无法计算许多冷却湖的应用问题。为了进行精准设计,必须采用现代数值分析方法进行模拟。美国原子能委员会(AEC)首先认识到需要更严格的分析技术,并提出了用于安全停堆用紧急冷却湖的计算方法。1972 年,Edinger 等人[3]采用了 11.3 节和 11.4 节所述的分析方法以及两个计算机程序,即气象学与最小水池计算程序、水动力与超温分析程序,向美国原子能委员会提交了一份题为《通用应急冷却水池分析》的分析报告。多年来,该项目成为核电站使用冷却湖作为最终热井(UHS)的"黄金标准"。

在 20 世纪 70 年代末至 80 年代初,Buchak 和 Edinger[4-5]为 J. E. Edinger Associates 公司(现为 Environmental Resource Management 公司的一个部门)开发了广义纵向、横向和垂直水动力输运模型(GLLVHT)。GLLVHT 是一个瞬态的三维数值模型。冷却湖被划分三维网格。图 11.4 所示为 Comanche Peak 核电站的 Squaw Creek 冷却湖数值模拟的网格划分。在模拟中,以大约 1 min 的步长计算冷却湖三维网格点的速度和温度。校准 GLLVHT 模型需要记录、收集大量数据,并进行试验以确定 E、K 的夏季值和冬季值。这些数据包括气象数据(干球温度、露点温度、环境风俗、云量等)和循环水流量,在考虑冷却湖的流入和流出情况下,计算基本的质量、能量平衡。电池供电的经过校准的热敏电阻用于测量冷却湖平面各点和各深度的温度。当这些数据被输入到 GLLVHT 模型时,程序会计算核电站排热导致的整个冷却湖的温升。由此产生的模型可用于根据预测的气象数据去计算循环水取水口温度,并估计增加堤坝、表面积变化和淹没取水口等情况下所产生的影响。

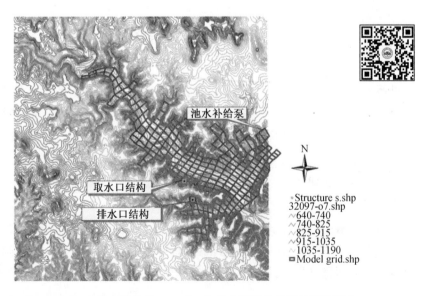

图 11.4 Conamh Peak 核电站的 Squcw Greek 冷却湖数值模拟的网格划分

11.7 本章算例

与冷却塔相比,冷却湖的一个优点是其对循环水泵扬程的要求较低。考虑两个需要 2 000 m^3/min 流量循环水的核电站之间的比较。位于冷却湖上的核核电站可能只需要 100 kPa 的泵压头就可以向电厂输送循环水,然而需要额外的循环水管道和静压头才能将循环水输送到冷却塔,带有冷却塔的电站可能需要 270 kPa 的压头。在这两种情况下,循环水泵和电机效率分别为 80% 、95% 。确定需要多少额外的辅助电源功率。

$$P_{lake} = \frac{G\Delta p}{\eta_{pump}\eta_{motor}} \frac{\left(\frac{1}{60}\times 2\,000\right)\times(100\times 1\,000)}{0.80\times 0.95} = 4\,385\,965(W) = 4\,386(kW)$$

$$P_{tower} = \frac{G\Delta p}{\eta_{pump}\eta_{motor}} \frac{\left(\frac{1}{60}\times 2\,000\right)\times(270\times 1\,000)}{0.80\times 0.95} = 11\,842\,105(W) = 11\,842(kW)$$

式中　P_{lake}——冷却湖电功率;

　　　P_{tower}——冷却塔电功率;

　　　G——循环水流量;

　　　Δp——压升;

　　　η_{pwmp}——原效率;

　　　η_{motor}——电机效率。

因此,位于冷却湖上的核电站的净电力输出比不采用冷却塔的核电站大 7 456 kW。如果采用机械通风冷却塔,则额外还需 10 000 kW 的风机功率。

本章参考文献

[1] Edinger, J. E. and J. C. Geyer, Heat Exchange in the Environment, Edison Electric Institute Report No. 65-902, June 1965.

[2] Brady, D. K. , W. L. Graves, Jr. , and J. C. Geyer, Surface Heat Exchange at Power Plant Cooling Lakes, Cooling Water Discharge Project Report No. 5, Edison Electric Institute Publication No. RP-49, 1969.

[3] Edinger, J. E. , E. M. Buchak, E. Kaplan, and G. Socratos, Generic Emergency Cooling Pond Analysis-Emergency Cooling Pond Analysis and the Theoretical Basis of the GEPA Computational Program, Prepared for the U. S. Atomic Energy Commission, University of Pennsylvania, 1972.

[4] Buchak, E. M. and J. E. Edinger. Hydrothermal Simulations of Comanche Peak Safe Shutdown Impoundment, Prepared for Texas Utilities Services, Inc. by J. E. Edinger

Associates, Inc. , 1980.

[5] Buchak, E. M. and J. E. Edinger. Generalized, Longitudinal-Vertical Hydrodynamics and Transport: Development, Programming and Applications, Prepared for U. S. Army Corps of Engineers Waterways Experiment Station, Vicksburg, Mississippi by J. E. Edinger Associates, Inc. ,1984.

第12章　喷淋池的设计和测试

12.1　喷淋池的优点

喷淋池是一个由管道和喷嘴组成的系统,它们通过向空气中喷水来冷却循环水。它们与冷却塔有些相似,主要通过水的蒸发将废热散发到大气中。由于喷淋池维护成本低、水量满足应急停堆的需要,一些核电站采用喷淋池作为最终热井。由于喷淋池对核电站的安全运行起着至关重要的作用,因此人们对喷淋池设计的理解有了很大的进步。喷淋池只需要冷却湖面积的1/10,且不像机械通风冷却塔一样需要风扇电源或填料层维护。但是,预测大型喷淋池的热力学性能一直是一个技术难题,在某些情况下,错误的假设会产生灾难性的结果。

12.2　常规平板喷淋池

图12.1所示为常规平板喷淋池,该喷淋池是现已退役的 Rancho Seco 核电站[1]的最终热井。通常,常规平板喷淋池由一系列树状设备组成,这些设备以矩形模式安装在直集管上,每个树状结构由一根立管和四个成90°角的横臂组成,约5 ft(1.52 m)长,每个横臂末端有一个垂直指向的喷嘴。Rancho Seco 核电站的两个常规平板喷淋池的尺寸为165 ft(50.29 m) × 330 ft(100.6 m),带有304个喷嘴,每个喷嘴在7 lbf/in² (约0.48 MPa)的喷嘴压力下输出53 gal/min(约201 L/min)水。

图12.1　传统常规平板喷淋池

图 12.2 所示为传统常规平板喷淋池树状结构上四个喷嘴中的两个喷嘴的流动形态。

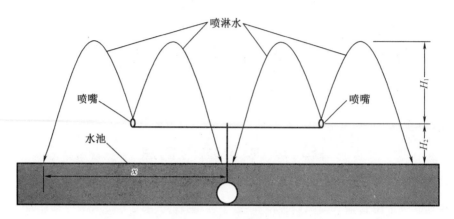

图 12.2　常规平板喷淋池的喷淋流动形态示意图

12.3　定向喷淋池

图 12.3 所示为定向喷淋池的喷淋流动形态。定向喷淋池由安装在单个圆形集管上的一系列树状结构组成，每个树状结构由一根立管和几个 4 ft(1.22 m)长的横臂组成，这些横臂与立管成 90°角，每个横臂末端的喷嘴向圆形中心轴倾斜。定向喷淋池采用与常规平板喷淋池相同类型的喷嘴。尽管每个喷嘴的工作压力和流量会因高度不同而不同，但是一般来说，所有喷嘴的工作压力和流量都高于常规平板喷淋池。

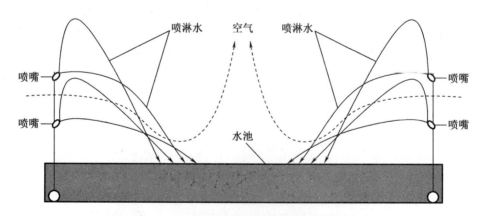

图 12.3　定向喷淋池的喷淋流动形态示意图

12.4　喷淋动力模块

　　图 12.4 所示为喷淋动力模块示意图。喷淋动力模块漂浮在将循环水输送至核电站进水口的水渠中。每个喷淋动力模块都由位于浮动平台上的泵、电机和供电设备所驱动。每个泵和电机为四个通过管道连接的喷淋模块提供驱动。对于某些特殊的喷淋动力模块,每个喷淋模块都有自己的泵和电机,并独立于其他模块运行。图 12.4 所示的喷淋动力模块间距为 40 ft(12.2 m),每个喷淋模块的流量为 1 000 ~ 2 500 gal/min(3.79 ~ 9.46 m³/min),每个泵的总流量为 10 000 gal/min(37.85 m³/min),需要 75 马力[①](55.9 kW)电机。动力喷淋模块的喷淋液滴尺寸远大于常规平板喷淋池或定向喷淋池的喷淋液滴尺寸。因此,喷淋动力模块实现的冷却效果较差,要求循环水在通往核电站进水口的途中通过多个喷淋动力模块反复喷淋,如图 12.4 所示。

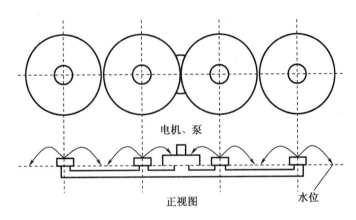

电机、泵

正视图　　　　　　水位

图 12.4　喷淋动力模块示意图

12.5　喷淋池热力性能分析

　　由于喷淋冷却装置的广泛使用,以及现有模型的缺点,学术界和工业界都非常重视对其进行试验分析研究[2-4]。衡量热力性能最简单的方法是效率 η,由以下标准公式定义:

$$\eta = \frac{t_1 - t_2}{t_1 - t_{WB}} \tag{12.1}$$

式中　η——单个喷头的喷淋效率;

　　　　t_1——进入喷头的热水温度,℃;

──────────

①　1 马力 = 735.499 W。

t_2——喷淋结束后的冷水温度，℃；

t_{WB}——湿球温度，℃。

假定热负荷和温球温度都是常数,冷水温度可以按以下方式求得：

$$t_2 = t_1 - \eta(t_1 - t_{WB-local}) \tag{12.2}$$

在很大程度上,热力学模型是基于测量的热力学性能数据,例如 NTU 定义[5-6]为

$$NTU = \mu c_p dt/(h_s - h_a) \tag{12.3}$$

这是第 10 章中详细描述的 Merkel 方程,其中 NTU 相当于冷却塔中的 KaV/L。

部分研究人员考虑了一些实际影响,如湿球温度恶化、喷淋内部阻力、浮力和外界干扰等[7.9]。1973 年,Schrock 和 Trezek[1] 在 Rancho Seco 核电站对常规平板喷淋池进行了第一次重要的全尺寸试验。1976 年,Myers 和 Baird[10] 在佛罗里达州的 Okeelata Complex 核电站对常规平板喷淋池进行了类似的测试。此外,1976 年,Yang 和 Porter[11] 在 Dresden 和 Quad Cities 核电站对喷淋模块系统进行了试验。在 Quad Cities 核电站,针对两种不同类型的喷淋模块进行了测试,结果表明两种类型的喷淋模块具有相似的喷淋特性。与 Rancho Seco 核电站的喷淋池相比,Quad Cities 核电站喷淋池的每个喷嘴喷射速度为 2 500 gal/min (9.46 m^3/min),约为 16 ft (4.88 m)高,水滴形状相对较大。

12.6　喷淋池试验结果

公开的文献中,仅有为数不多的几个全范围喷淋池的效率测试。1974 年,Rancho Seco 核电站的试验数据分析表明,局部湿球温度是喷淋距离的函数[12]。1979 年,Conn[13] 公布了 Columbia 核电站的两个最终热井之一的测试结果。表12.1 给出了 Rancho Seco 核电站常规平板喷淋池的测试结果。

表 12.1　Rancho Seco 核电站常规平板喷淋池的测试结果

序号	环境风速		湿球温度		热水温度		冷水温度	
	mile/h	m/s	℉	℃	℉	℃	℉	℃
1	1.0	0.45	54.1	12.3	101.5	38.6	84.7	29.3
2	1.0	0.45	48.6	9.2	77.4	25.2	69.1	20.6
3	6.7	3.00	69.6	20.9	81.1	27.3	77.2	25.1
4	6.9	3.08	72.3	22.4	80.1	26.7	77.0	25.0
5	8.3	3.71	66.6	19.2	80.8	27.1	74.3	23.5
6	12.5	5.59	61.5	16.4	80.1	26.7	71.2	21.8
7	13.0	5.81	61.0	16.1	79.9	26.6	72.0	22.2

注：① 1mile = 1.609 344 km。

表 12.2 给出了 Okeelanta 核电站常规平板喷淋池的测试结果。表 12.3 给出了 Columbia

核电站定向喷淋池的测试结果。图 12.5 给出了 Rancho Seco 核电站和 Okeelanta 核电站应用的常规平板喷淋池与 Columbia 核电站应用的定向喷淋池与湿球温度的关系。从图 12.5 可以看出,喷淋效率随湿球温度的增加而增加。蒸发类冷却装置(如冷却塔等)都遵循这个规律。

表 12.2　Okeelanta 核电站常规平板喷淋池的测试结果

序号	环境风速		湿球温度		热水温度		冷水温度	
	mile/h	m/s	℉	℃	℉	℃	℉	℃
1	7	3.13	62	16.7	93	33.9	80	26.7
2	4	1.79	65	18.3	101	38.3	89	31.7
3	10	4.47	65	18.3	94	34.4	82	27.8
4	5	2.24	68	20.0	100	37.8	87	30.6

表 12.3　Columbia 核电站定向喷淋池的测试结果

序号	环境风速		湿球温度		热水温度		冷水温度	
	mile/h	m/s	℉	℃	℉	℃	℉	℃
5	1.5	0.67	50.8	10.3	79.7	26.1	67.0	19.1
6	1.5	0.67	53.2	11.6	78.8	25.6	67.2	19.2
7	8.5	3.80	59.3	14.9	80.5	26.5	70.1	20.8
8	12.0	5.36	63.3	17.1	80.7	26.6	71.2	21.4
9	1.0	0.45	55.1	12.6	81.3	26.9	70.1	20.8
10	5.5	2.46	65.0	18.0	82.0	27.3	73.8	22.8
11	15.0	6.71	63.4	17.2	81.2	26.9	70.2	20.9
12	11.0	4.92	62.5	16.7	81.2	26.9	70.7	21.1
13	3.0	1.34	48.9	9.2	79.9	26.2	66.7	19.0
14	4.0	1.79	53.1	11.5	79.0	25.7	67.3	19.3
15	5.0	2.24	57.6	14.0	80.5	26.5	69.8	20.7
16	4.0	1.79	45.1	7.2	78.3	25.3	64.1	17.5
17	5.0	2.24	59.0	14.8	77.5	24.9	68.5	19.9
18	3.5	1.56	57.7	14.0	75.9	24.0	67.7	19.5
19	2.0	0.89	59.1	14.8	73.5	22.7	67.0	19.1
20	4.0	1.79	55.0	12.6	68.5	19.9	62.4	16.6

图 12.6 给出了环境风速对常规平板喷淋池及定向喷池效率的影响。喷淋效率随着环境风速的增大而增大。在零风速下,定向喷淋池在效率上具有非常显著的优势,因为它可以自己产生风,因而效率得到提高。

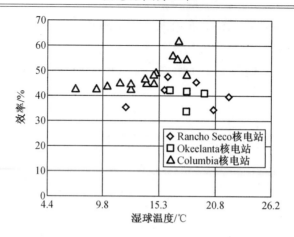

图 12.5　常规平板喷淋池、定向喷淋池效率与湿球温度的关系

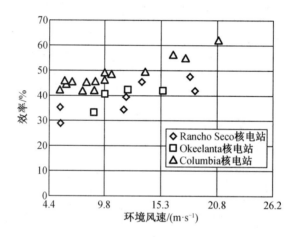

图 12.6　环境风速对常规平板喷淋池、定向喷淋池效率与环境风速的影响

12.7　喷淋池互扰

传统常规平板喷淋池的一个显著缺点是互扰。传统常规平板喷淋池的喷嘴通常布置在池面上方约 5 ft(1.52 m)的基体中,立管位于中心 13 ft 4 in (4.064 m)处,使喷嘴相距约 7 ft(2.13 m)。在大量喷淋过程中,相邻的喷淋通过阻断环境气流,进而相互干扰。这一事实已得到充分证实。事实表明,在给定的喷淋场中,局部湿球温度比全局湿球温度高,因此喷淋效率降低。为了补偿互扰导致的效率下降,在计算常规平板喷淋池中预期的冷水温度时,必须对湿球温度增加一个修正值。这种布置对风速和风向高度敏感。但在定向喷淋池中,喷嘴安装在树状结构上,形成一个圆圈,并以一个朝向圆圈中心的角度倾斜。水滴喷射将环境空气引入喷淋区域,热空气从喷淋圈中心上升,因此互扰不是定向喷淋池的重要问题。

为了评估互扰的影响,Yang 和 Porter[11]定义的互扰因子如下:

$$f = \frac{t_{WB-local} - t_{WB-amb}}{t_1 - t_{WB-amb}} \tag{12.4}$$

式中 f——互扰因子；

$t_{WB-local}$——喷嘴处湿球温度，℃；

t_{WB-amb}——喷淋区外湿球温度，℃；

t_1——进入喷嘴的热循环水温度，℃。

图 12.7 给出了根据 Rancho Seco 核电站数据计算得到的互扰因子 f。图 12.8 给出了根据 Quad Cities 核电站数据计算得到的互扰因子 f。Yang 和 Porter[11] 注意到了图 12.8 中测试 3(b) 和 5(a)2 曲线形状的差异，并论证了这两个结果都在测试的不确定度范围内，并建议取其平均值。

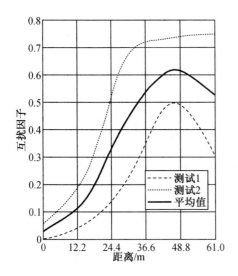

图 12.7 根据 Rancho Seco 核电站数据计算得到的互扰因子

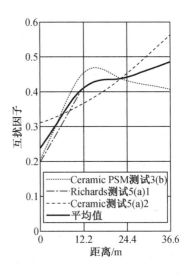

图 12.8 根据 Quad Cities 核电站数据计算得到的互扰因子

尽管 Rancho Seco 核电站和 Quad Cities 核电站的常规平板喷淋池有较大不同，但定性的互扰因子非常相似。

需要注意的是，在设计 Quad Cities 核电站和 Rancho Seco 核电站的喷淋冷却系统时，没有为环境空气进入喷淋区域内额外的设计流路。在此情况下取 0.5 的互扰因子是合理的，但在未来类似的喷淋系统设计时可能会做相应的调整。

在已知假设的互扰因子和进入常规平板喷淋池的水温后，局部湿球温度可根据以下公式计算：

$$t_{WB-local} = t_{WB-amb} + f(t_1 - t_{WB-amb}) \tag{12.5}$$

例如，假设热水温度为 37.2 ℃，湿球温度为 26.2 ℃，则当干扰因子为 0.5 时，局部湿球温度为 31.7 ℃。这种修正的实质是，在考虑互扰的情况下，单独工作时效率为 50% 的喷嘴，在大型平板喷淋池中的有效效率为 25%。为了补偿该部分，需要将喷嘴的数量增加100%，或在喷嘴之间提供较宽的空气通道，以允许环境空气到达喷淋池喷淋区。

Dresden 核电站由一个冷却池提供服务,冷却池上有长长的通道,将循环水取、排进冷却池。为了改善核电站的性能,在将循环水送回电厂的通道中设置了大量喷淋动力模块,以降低主凝汽器中循环水的温度。但喷淋动力模块的性能非常差,电厂因设置其增加的电力输出甚至不能满足喷淋动力模块内泵的电力消耗,因此将其拆除。同样,位于密西西比河上的 Quad Cities 核电站设计了一条环绕核电站的通道,该通道布满了喷淋动力模块,用于散热。这些模块由于性能较差,被先后拆除。上述与其他地方的类似问题,主要是电力公司依赖供应商进行绩效评估,但未能考虑到互扰因素导致的。因此,喷淋池在业界的声誉较差。

计算 η、NTU 或 f 值,仅适用于已测试过的特定常规平板喷淋池或类似设计。为了获得通用的计算方法,研究人员已经刻意避免了解决单个水滴的动力学和热传递问题。通用的计算方法能够适用于一些以前没有建造和测试过的喷淋池设计。

12.8 本 章 算 例

参考图 12.6 和图 12.7,如果常规平板喷淋池在循环水进入电厂之前冷却了一部分循环水,计算进入主凝汽器的循环水温度降低量及喷淋水所需的功率。

2005 年,在得克萨斯州 Glen Rose 附近的 Comanche 核电站进行了一项研究,以研发降低进入主凝汽器循环水温度的替代方案。所考虑的方案之一是将核电站与冷却池之间流动的 8 327 m^3/min 的循环水中的 25% 进行喷淋。

假设平板喷淋装置位于取水口水面上方 1.524 m 处,并且与 Rancho Seco 核电站使用的喷淋器相似,即在 48.3 kPa 的喷嘴压力下每个喷头的喷淋速率为 0.189 25 m^3/min,则需要以下数量的喷嘴:

$$N_{\text{nozzles}} = \frac{0.25 \times 8\ 327}{0.189\ 25} = 11\ 000$$

假设每个喷嘴需要 1.524 m × 1.524 m(2.323 m^2)的空间,喷洒区域将需要大约 2.55 hm^2(1 $hm^2 = 10^4$ m)。如图 12.7 所示,如此大的喷洒面积将需要选取 0.6 的互扰系数。

局部湿球温度的计算方法为

$$t_{\text{WB-local}} = t_{\text{WB-amb}} + f(t_1 - t_{\text{WB-amb}})$$

请参阅第 11 章的算例,假设环境湿球温度为 10 ℃,循环水温度为 27.2 ℃。从取水口进入喷嘴,喷嘴处的局部湿球温度如下:

$$t_{\text{WB-local}} = 10 + 0.6(27.2 - 10) = 20.0(℃)$$

根据图 12.6,假设风速为 6.7 m/s 时,喷淋效率为 50%,计算喷淋后的冷水温度为

$$\eta = \frac{t_1 - t_2}{t_1 - t_{\text{WB-local}}} \Rightarrow t_2 = t_1 - \eta(t_1 - t_{\text{WB-local}}) = 23.6(℃)$$

式中 η——喷淋效率;

t_2——喷淋后的冷水温度,℃。

由于只有 8 327 m^3/min 循环水流量的 25% 被喷淋冷却,因此进入主凝汽器的循环水温度计算如下:

$$t_{\text{CCW}-\text{in}} = \frac{0.75 \times G_{\text{CCW}} \times t_1 + 0.25 \times G_{\text{CCW}} \times t_2}{G_{\text{CCW}}} = 26.4 \text{ ℃}$$

以下计算喷淋所需的电功率。泵的流量计算如下:

$$G_{\text{pump}} = 0.25 \times G_{\text{CCW}} = 0.25 \times 8\,327 = 2\,082 (\text{m}^3/\text{min})$$

在泵和电机效率分别为 80% 和 95% 的情况下,所需的泵压头参考冷却池平面进行计算,并忽略管道摩擦压降,如下所示:

$$H_{\text{sprays}} = H_{\text{static}} + H_{\text{nozzle}} = 15 + 48.3 = 63.3 (\text{kPa})$$

$$\text{Power}_{\text{pump}} = \frac{\frac{1}{60} G_{\text{sprays}} H_{\text{sparys}}}{\eta_{\text{pump}} \eta_{\text{motor}}} = 2\,890\,144 \text{ W} = 2\,890 \text{ kW}$$

式中　G_{pump}——泵流量;

　　　H——压头;

　　　下标 sparys——喷淋;

　　　下标 static——静止;

　　　下标 nozzle——喷头。

本章参考文献

[1] Schrock, V. E. and G. J. Trezek, National Science Foundation Waste Heat Management Report No. WHM-4, University of California, Berkeley, July 1, 1973.

[2] Shrock, V. E. ,G. J. Trezek and L. R. Keilman,Performance of a Spray Pond for Nuclear Power Plant Ultimate Heat Sink, ASME Paper 75-WAHT-41,1975.

[3] Chaturvedi,S. and R. W. Porter, Effect of Air-Vapor Dynamics on Interference for Spray Cooling Systems, Waste Energy Management Technical Report TR-77-1,March 1977.

[4] Yadigaroglu, G. , Heat and Mass Transfer between Droplets and the Atmosphere-State of the Art, Waste Heat Management Report No. WHM-21, July 1976.

[5] Chen,K. H. and G. J. Trezek, Spray Energy Release (SER)Approach to Analyzing Spray System Performance, *Proceedings of the American Power Conference*, Volume 38,1976, pp. 1434-1457.

[6] Porter, R. W. , U. Yang and A. Yanik, Thermal Performance of Spray-Cooling Systems, *Proceedings of the American Power Conference*, Volume 38,1976, pp. 1458-1472.

[7] Elgawhary A. M. and A. M. Rowe, Spray Pond Mathematical Model for Cooling Fresh Water and Brine, Environmental and Geophysical Heat Transfer, ASME HT-Volume 4, 1971.

[8]　Soo S. L. , Power Spray Cooling-Unit and System Performance, ASME Paper 75-WA/ PWR-8 ,1975.

[9]　Yao S. and V. E. Schrock, Heat and Mass Transfer from Freely Falling Drops, *Journal of Heat Transfer*, vol. 98 ,Series C, no. 1 ,1976 ,pp. 120-126.

[10]　Myers D. M. and R. D. Baird. *Thermal Performance of Large UHS Spray Ponds*, Ford, Bacon & Davis, Utah Inc. ,1977.

[11]　Yang, U. M. and R. W. Porter, *Thermal Performance of Spray Cooling Systems— Theoretical and Experimental Aspects*, National Science Foundation Waste Heat Management Report No. TR-76-1 , Illinois Institute of Technology, Chicago, IL,1976.

[12]　Schrock, V. E. and G. J. Trezek, National Science Foundation Waste Heat Management Report No. WHM-10, University of California, Berkeley, October 1974.

[13]　Conn, K. R. , 1979 Ultimate Heat Sink Spray System Test Results, Washington Public Power Supply System Nuclear Project No. 2 ,WPPSS-EN-81-01 ,1981.

第13章 定向喷淋池

13.1 定向喷淋池描述

与机械通风冷却塔相比,喷淋池基本上是无源设备,运行简单且便宜,不需要大量消耗电力或过度维护。大多数现有的喷淋池采用垂直方向的常规平板喷淋,但这种设计的热力学性能较差,大量的研究[1-2]表明其存在一定的问题。在常规平板喷淋池中,所有喷嘴朝向均为垂直方向(在第12章中已讨论),使用过程中发现水滴下落时的整体阻力会抵消热空气的自然浮力。作用在空气上的两个力相互拮抗,导致通过喷淋区的气流速度降低,局部湿球温度大幅增加。此外,对于大型常规平板喷淋池和喷淋管道,落水往往会阻碍气流进入喷淋区的中心部分,需要应用互扰因子来确定池内空气的局部湿球温度(参见第12章)。

为了克服这些问题,定向喷淋池采用了完全不同的设计。定向喷淋池最初由 Ecolaire 凝汽器公司(ECC)于 20 世纪 70 年代末提出[4]。图 13.1 所示为 ECC 在美国新泽西州一个试验工厂建造、运行和测试的定向喷淋池。定向喷淋池设计的突出特点是喷淋树状结构上喷嘴呈圆形布置。喷淋树状结构的中心间距约为 13 ft 9 in(4. 19 m),喷嘴呈螺旋状排列,与树状结构的立杆间距约为 4 ft(1. 22 m),垂直间距约为 2 ft 8 in(0. 81 m),垂直方向与圆圈中心成一定角度。在这种设计中,水滴对空气的整体阻力和浮力都促进了喷淋区域的通风,并且不会阻碍到喷嘴的环境气流。这种设计极大地降低了喷淋区域的局部湿球温度,并改善了液滴通过喷淋区域落到下方池面时的冷却效果。

图 13.1 定向喷淋池(ASME 提供)

13.2 喷嘴分析

ECC 进行的测试得出了基于 Merkel 方程的简化经验模型。20 世纪 70 年代末,工程师们开发了一种分析性喷淋池热力性能的模型,该模型不依赖于整体喷淋池的试验性能数据,而依赖于热力学过程的预测以及特定喷嘴的液滴分布图谱[5-6]。模型的其他变量则是解析的,可通过经典的传热传质方程和球形水滴的动力学方程导出,而不依赖于经验参数或试验数据,因此该模型不受喷淋压力、喷嘴间距或方向的限制,也不受液滴尺寸的限制。由此建立的喷淋池模型已经在哥伦比亚核电站进行了独立的全尺寸试验,其中两个定向喷淋池被用作与核电站安全相关的最终热井。

13.2.1 喷嘴的选择

为了对定向喷淋池进行详细分析,必须确定单个喷嘴特性参数以及液滴离开喷嘴的轨迹。上述性质取决于喷嘴的类型,喷嘴的选择及其工作压力将决定喷嘴流速、液滴尺寸分布以及液滴离开喷嘴的速度。这些特性连同喷嘴在池面上的高度和方向,将决定零风速条件下的喷射特性。ECC 进行的试验表明,定向喷淋池喷嘴的最佳方向为从垂直方向向中心方向倾斜 35°。针对 Spray Engineering 公司的 SPRAYCO 1751 型喷嘴和 Spraying Systems 公司的旋风 CX 型喷嘴的研究表明,对于空心锥形喷嘴(通常用于喷淋池应用,本章中讲述的类型),通过测量给定喷嘴压力下的喷淋高度和直径,可以很容易确定喷淋的性能。由于定向喷淋池喷嘴中喷出的水流具有较高的流速,因此适宜采用不锈钢材质。

13.2.2 喷淋液滴分布图谱

预测定向喷淋池性能所需的最关键输入是液滴图谱。由于 ECC 选择了旋风 1-1/2 CX SS 型的 27 支喷嘴进行了测试和销售,本章在分析过程中以其为对象进行考虑。考虑到喷嘴中喷射出的每个液滴大小无法准确测量,为了测量指定时间段内通过指定区域的液滴,人们尝试采用了包括使用快速摄影、通量测量、时间采样、空间采样等多种方法进行分析。通常通量测量方法能够测量到较大的液滴,并能对定向喷淋池的性能提供较为准确的预测。表 13.1 所示是 Spraying Systems 公司生产的旋风 CX 型喷嘴的液滴图谱。在表压 48.3 KPa 下,1-1/2 in 和 2 in 型号标定的额定流量分别为 94.6 L/min、189.3 L/min。

表 13.1　Spraying Systems 公司生产的旋风 CX 型喷嘴的液滴图谱

累计体积比 /%	1-1/2 in 液滴尺寸/μm			2 in 液滴尺寸/μm		
	68.9 kPa(g)[①]	103.4 kPa(g)	137.9 kPa(g)	68.9 kPa(g)	103.4 kPa(g)	137.9 kPa(g)
1	860	770	725	1 060	1 020	950
2	1 020	915	875	1 250	1 200	1 100
5	1 288	1 170	1 120	1 580	1 470	1 320
10	1 590	1 460	1 390	1 910	1 780	1 670
20	2 000	1 780	1 680	2 520	2 250	2 100
30	2 360	2 220	2 100	3 010	2 710	2 500
40	2 670	2 530	2 400	3 480	3 100	2 850
50	3 040	2 860	2 700	4 000	3 580	3 210
60	3 400	3 200	3 000	4 520	4 080	3 680
70	3 800	3 530	3 350	5 180	4 680	4 200
80	4 250	3 980	3 730	5 950	5 410	4 850
90	4 830	4 560	4 300	7 050	6 450	5 650
95	5 300	5 000	4 750	7 900	7 200	6 150
98	5 700	5 380	5 150	8 650	8 000	6 700
99	5 900	5 600	5 350			

①"(g)"表示表压。

图 13.2 给出了相同喷嘴压力下 1-1/2 in 和 2 in 喷嘴液滴图谱之间的比较。图 13.3 所示为相同喷嘴压力下 1-1/2 in 和 2 in 喷嘴液滴图谱的比较。较小的喷嘴在额定压力下产生更细的液滴。作为一个近似的经验算法，可以假设液滴大小随压力的 −0.3 次方变化。

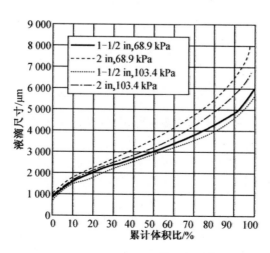

图 13.2　相同喷嘴压力下 1-1/2 in 和 2 in 喷嘴液滴图谱的比较(ASME 提供)

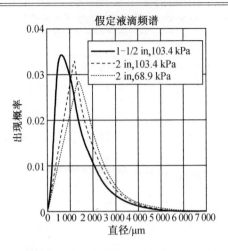

图 13.3　液滴直径分布与出现频次的关系(ASME 提供)

13.2.3　喷淋液滴初始速度

初始液滴速度矢量的大小和方向需要同时确定。对于给定的喷嘴和压力,通过测量垂直定向空心锥形喷嘴产生的轴对称喷淋的高度和直径,以及喷嘴在池面上方的高度可以计算速度矢量。参考图 12.2,H_1 是喷嘴上方的喷淋距离喷嘴安装位置的高度,H_2 是喷嘴高于喷淋池表面的高度。图 13.4 给出了垂直喷淋液滴的初始速度矢量图。

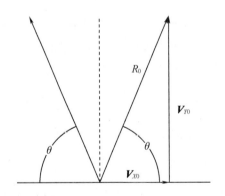

图 13.4　垂直喷淋液滴的初始速度矢量图

表 13.2 给出了在垂直方向上,Spraying Systems 公司生产的在位于水面 1 ft (0.3 m)的旋风喷嘴上进行的试验结果。

根据这些试验结果,初始液滴速度的垂直和水平分量(分别为 V_{Y0} 和 V_{X0})的大小可根据表 13.2 中喷嘴向上喷射时的液滴轨迹数据计算:

表 13.2　旋风喷嘴喷射水流尺寸

压力/kPa	1 – 1/2 in 喷嘴,94.6 L/min		2 in 喷嘴,189.3 L/min	
	喷射直径(2X)/m	喷射高度 H_1/m	喷射直径(2X)/m	喷射高度 H_1/m
48.3	8.23	2.29	9.14	2.44
68.9	9.14	2.74	10.67	2.90
103.4	10.67	3.20	11.89	3.35

$$V_{Y0} = \sqrt{2g_c H_1} \tag{13.1}$$

$$t = \frac{V_{Y0}}{g_c} + \sqrt{\left(\frac{V_{Y0}}{g_c}\right)^2 + \frac{2H_2}{g_c}} \tag{13.2}$$

$$V_{X0} = \frac{x}{t} \tag{13.3}$$

式中　H_1——喷射水流最高到达的高度(相对于喷嘴),m;

　　　H_2——喷嘴距离池面的高度,m;

　　　g_c——重力加速度,m/s^2;

　　　x——喷射落水圆形最外边缘半径,m;

　　　t——液滴飞行时间,s。

速度矢量为

$$R_0 = \sqrt{V_{X0}^2 + V_{Y0}^2} \tag{13.4}$$

速度矢量相对于水平面的角的正切值为

$$\tan \theta = \frac{V_{Y0}}{V_{X0}} \tag{13.5}$$

当然,上述关系中忽略了空气对液滴的阻力,表 13.2 中的试验数据也忽略了这一点。这是因为测量是在喷淋区域的外围进行的,针对较大的喷淋液滴,空气阻力影响十分微小。

如前所述,ECC 通过试验确定定向喷淋池的最佳倾斜角(Δ)为垂直方向的 35°(0.61 rad)。当喷嘴向喷淋中心倾斜时(假设右侧),喷淋右侧将向下移动到相对于水平面的角度 α,左侧将向上移动到相对于水平面的角度 β。因此,喷嘴液滴相对于水平面的最小和最大倾斜角分别为

$$\alpha = \theta - \Delta \tag{13.6}$$

$$\beta = \theta + \Delta \tag{13.7}$$

最小及最大垂直速度分别为

$$V_{Y1} = R_0 \sin \alpha \tag{13.8}$$

$$V_{Y2} = R_0 \sin \beta \tag{13.9}$$

靠近及远离喷淋中心一侧液滴的最高高度分别为

$$Y_{max1} = \frac{V_{Y1}^2}{2g_c} + Y_0 \tag{13.10}$$

$$Y_{max2} = \frac{V_{Y2}^2}{2g_c} + Y_0 \tag{13.11}$$

式中 Y_0——定向喷淋池树状结构上最高喷嘴高度;

　　　Y_{max1}——靠近喷淋中心一侧液滴的最高高度;

　　　Y_{max2}——远离喷淋中心一侧液滴的最高高度。

喷淋树状结构最顶部的控制体积高度定义为

$$Y_{max} = \frac{Y_{max1} + Y_{max2}}{2} \tag{13.12}$$

该部分控制体积的宽度是喷淋树状结构之间的距离。图 13.5 给出了有倾角的喷嘴出口液滴初始速度矢量图。

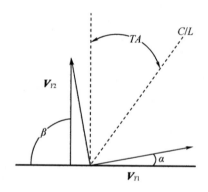

图 13.5　有倾角的喷嘴出口液滴初始速度矢量图

13.3　轨迹确定与飘散损失

使用初始速度矢量通过数值积分计算单个液滴的轨迹过程中,做出以下假设:

(1)水滴在飞行过程中呈球形;

(2)忽略液滴之间的碰撞和相互作用;

(3)喷嘴、初始液滴速度和液滴分布是轴对称的;

(4)忽略了液滴的传热和蒸发;

(5)已知液滴大小分布;

(6)整个喷淋池的气流速度和气流特性是一致的;

(7)所有喷嘴的运行都是均匀稳定的;

(8)忽略空气浮力效应。

下降飞行过程不仅受重力的影响,还受阻力的影响。阻力的大小计算如下[7]:

$$d_f = \frac{3m}{4D}(RV)^2 C_D \frac{\rho_a}{\rho_w} = \frac{\pi}{8} D^2 \rho_a C_D (RV)^2 \tag{13.13}$$

$$C_D = 0.22 + \frac{24}{Re}(1 + 0.15 Re^{0.6}), \quad 0 \leq Re \leq 3\,000 \tag{13.14}$$

式中　d_f——阻力，$kg \cdot m/s^2$；

　　　m——液滴质量，kg；

　　　D——液滴直径，m；

　　　RV——液滴相对于空气的速度，m/s；

　　　C_D——阻力系数；

　　　ρ_a——空气密度，kg/m^3；

　　　ρ_w——水密度，kg/m^3；

　　　Re——基于液滴直径的喷淋水雷诺数。

选取不同尺寸范围中具有代表性的液滴，这些液滴在喷嘴处离开的方向不同，因此确定出不同的轨迹。其结果是每种液滴直径下相对于喷嘴位置的落点均能准确测量。对于给定的喷嘴位置和液滴直径，落点的准确位置与喷淋池外缘距离相比，能够确定落到喷淋池外缘外和飘散损失的液滴所占的百分比。

将各种液滴的参数用于整个定向喷淋池中具有代表性的喷嘴位置，计算确定这些喷嘴的飘散损失。这些喷嘴飘散损失率的加权和，确定了整个定向喷淋池的瞬时飘散损失率。将其乘以喷淋流量后，在一段时间内积分，即可得出该段时间内的总飘散损失。顶部喷嘴的高度越高，其飘散损失越大。但是，顶部喷嘴中较低的压力将导致较大的液滴，这些大液滴则不太可能发生飘散。

13.4　喷淋系统热力学模型

13.4.1　概述

2019 年，Bowman 等人[8]首先详细公布了喷淋系统的热力学模型（THERMAL 模型）。该模型求解过程如下。假设整个喷淋系统的热力学性能可以通过与单个喷淋树状结构相关的控制体的热力学性能来表示，控制体内所有喷嘴的热性能都由单个适当位置喷嘴的热性能表示。喷淋热水的温度可根据喷淋池温度、热负荷和喷淋速率求得。控制体内空气流量则由水滴的阻力决定。控制体内的局部湿球温度由空气流量、环境空气特性及喷淋散热量确定。通过对喷淋液滴图谱的传热传质积分，得到平均冷水温度。液滴传热和传质系数是基于 Ranz 和 Marshall 在 1952 年提出的关联式[6]。喷淋的流量与池水存量相混合，以确定新的喷淋池温度。由于参数之间的隐式关系，因此在某些情况下需要迭代计算。

13.4.2 喷嘴在控制体内的计算

通过控制体,从环境条件到出口条件的空气,可以用修正的伯努利方程来描述:

$$\frac{U_e^2 - U_\infty^2}{2} + g_c\left[\int_\infty^e \frac{\mathrm{d}P}{\rho_a} - \int_\infty^e \frac{D_x}{\rho_a}\mathrm{d}x - \int_\infty^e \frac{D_y}{\rho_a}\mathrm{d}y - \int_\infty^e \left(\frac{\rho_{a\infty}}{\rho_a} - 1\right)\mathrm{d}y\right] = 0 \qquad (13.15)$$

式中　　U——空气流速,m/s;

　　　　P——总静压,Pa;

　　　　ρ_a——空气蒸汽混合物密度,kg/m³;

　　　　D_x——x 方向膨胀阻力,kg·m/s²;

　　　　D_y——y 方向膨胀阻力,kg·m/s²;

　　　　下标 e——控制体出口;

　　　　下标∞——环境。

1978 年,Berger 和 Taylor[5] 提供了一个版本的喷淋系统数学模型,用来预测常规平板喷淋池。图 13.6 所示为常规平板喷淋池的控制体结构示意图。水面以上的控制体高度是水滴离开喷嘴的轨迹的峰值,宽度是相邻喷淋树状设备之间的距离。

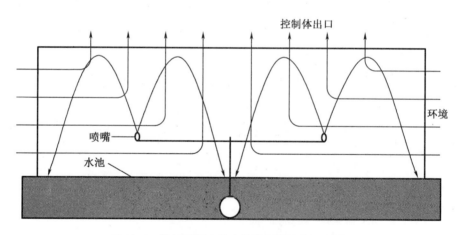

图 13.6　常规平板喷淋池的控制体结构示意图

对于常规平板喷淋池,忽略第一个积分表示的控制体内的密度变化,并假设出口压力为大气压力。同样忽略第二个积分表示的整体水平阻力,因此式(13.15)中的前两个积分值为零。由于水的净阻力是垂直方向上的,其余两个积分代表了体积阻力和浮力的垂直分量,它们占主导地位,方向相反。假定空气流垂直于控制体的入口等速进入,并从控制体顶部等速流出,且控制体内的速度是均匀的。在 1 标准大气压的环境参数下,进气参数取环境参数且忽略环境风;在控制体内部及出口假设相对湿度为 100%。

定向喷淋池的控制体结构示意图如图 13.7 所示,它是一个矩形框,x 轴朝向喷淋池的中心。池面以上的控制体高度是水滴离开树状结构最高喷嘴后,轨迹顶部峰值和底部峰值的平均高程。控制体宽度是相邻喷射树状结构之间的距离。控制体长度刚好足以包含整个喷淋区域,但其值并不用于计算中。

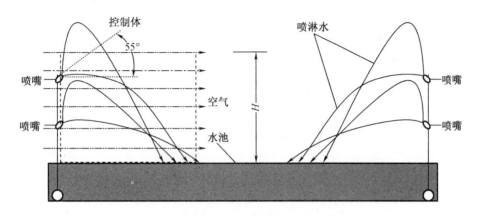

图 13.7 定向喷淋池的控制体结构示意图

气流被水滴和空气之间的相互作用带入控制体。假设整体阻力均匀地分布在穿过控制体的流路中,且作用在空气上,类似于重力。忽略控制体内的密度变化,假设出口压力为大气压力,因此上述方程中的第一个积分值变为零,第二个积分表示控制体积内水平阻力的影响。忽略体积阻力和浮力的垂直分量,最后两个积分值也变为零。气流垂直于控制体的入口和出口,因此控制体顶部没有空气流出。假设入口、出口以及控制体内的空气速度是均匀的,尽管各处入口空气特性互不相同,但每个位置的空气特性在 y 和 z 方向上都是一致的。假设环境气压为 1 标准大气压,进气参数取环境参数且忽略环境风速;控制体内和出口处的相对湿度按环境气压下 100% 计算。

利用上述假设简化,应用于控制体的动量方程,结果如下:

$$U_e = \left(\frac{2 g_c D_x}{\rho_a A} + U_\infty^2\right)^{\frac{1}{2}}, U_\infty = 0 \tag{13.16}$$

式中　A——控制体流通截面面积;

　　　U_e——水平控制体出气的流速(相对环境风速);

　　　D_x——阻力水平分量,径向向圆心。

空气的质量流量为

$$M = U_i A \rho_{a\infty} \tag{13.17}$$

式中　U_i——水平控制体的进气流速(相对环境风速);

　　　M——穿过控制体的空气质量流量。

虽然喷嘴压力、流量和液滴尺寸分布随喷淋树状结构中的喷嘴高度的变化而变化,但前文仅针对单个喷嘴进行了分析。计算是假设喷嘴处于池面上的,因此其能够代表树状结构中所有喷嘴的平均流量和对应的压力。

全部液滴所受到的整体水平阻力 D 在数值上等于空气在控制体内所受到的阻力,方向相反。单个喷嘴所喷出液滴的整体阻力使用前面的飘散方法计算,并根据控制体中的总喷淋流量进行放大。

由于入口和出口空气速度与阻力是相互依赖的,所以确定入口空气速度需要一个迭代过程,可通过建立体积阻力与夹带气流速度的函数关系表示,并用于确定通过控制体的夹带气流。

根据进气特性、热负荷和气流质量,可以根据能量守恒计算出出口空气焓,即

$$h_e = h_i + \frac{Q}{M} \tag{13.18}$$

式中　h_i、h_e——空气进口焓值与出口焓值;

　　　　Q——空气的受热功率。

出口湿球温度是基于相对湿度为100%进行计算的。控制体内的局部湿球温度假定是进出口温度的平均值。

13.4.3　液滴的传热传质计算

具有不同尺寸和初始方向的液滴,通过沿着单个液滴的轨迹进行数值积分来计算其冷却过程,所采用的假设和方法与前文描述的轨迹计算中所采用的假设和方法相同。高速摄影显示液滴飞行过程中发生振荡与混合,因此假设液滴在飞行过程中内部温度均匀。通过整合以下对流和蒸发冷却速率方程,计算每个水滴飞行时的冲击温度和蒸发量:

$$q_e = Nu \cdot \kappa \pi D (T_d - T_{LWBT}) \tag{13.19}$$

$$m_e = \frac{Sh \cdot D_V \rho_a \pi D (P_{sat-T_d} - RH \cdot P_{sat-LWBT})}{P - P_a} \tag{13.20}$$

$$q_c = h_{fg} m_e \tag{13.21}$$

$$q_T = q_c + q_e \tag{13.22}$$

式中　q_e——对流传热量;

　　　　Nu——努赛尔数,$Nu = h_c(k/D)$,其中 h_c 为强迫对流换热系数;

　　　　κ——空气导热系数;

　　　　D——液滴直径;

　　　　T_d——液滴温度;

　　　　T_{LWBT}——环境湿球温度;

　　　　m_e——蒸发质量;

　　　　D_V——水蒸气在空气中的质量扩散率;

　　　　Sh——舍伍德数,$Sh = h_D(D/D_V)$,其中 h_D 为强迫对流传质系数;

　　　　ρ_a——干空气分压;

　　　　RH——相对湿度;

　　　　P_{sat-T_d}——温度为 T_d 下的水蒸气饱和压力;

　　　　$P_{sat-LWBT}$——局部湿球温度下的饱和分压(水蒸气);

　　　　P——总静压;

P_a——空气分压；

h_{fg}——汽化潜热；

q_c——蒸发传热量；

q_T——液滴总传热量。

液滴下降轨迹中任一点的努赛尔数和舍伍德数由兰兹 – 马歇尔公司[6]计算。

喷淋水的冷水温度与总蒸发率由喷淋水的热水温度、冲击温度、蒸发、振荡频率和所有液滴的质量计算得到。在瞬态分析中，采用喷淋流量、冷水温度、瞬时喷淋池水质量和太阳辐射来确定喷淋池中的瞬时温度。环境气象和已知设备热负荷的值，由参数表中线性插值确定。混合喷淋池水的温度采用外部补水设施监测到的进水水温，进而再次通过池水温度、喷淋流量和传热负荷来计算下一个时间步长内的热水温度。

THERMAL 模型可用于计算稳态条件下的参数性能曲线以及瞬态条件的响应。定向喷淋池的热负荷和冷水产量不仅取决于热水流量，还取决于局部湿球温度。局部湿球温度本身取决于热负荷和环境条件。因此，根据要分析的情况，可能需要迭代来求解。

13.4.4　液滴的传热传质系数

单个液滴在空气中的运动已被广泛研究，包括传热传质系数、液滴尺寸、形状、振动、大液滴的自发破碎[9]等。但在多个液滴的情况下，对于液滴之间的相互作用（碰撞、尾迹效应等）的研究较少。喷淋冷却系统热力学性能的试验数据显示，液滴之间具有显著的相互作用，但目前的研究仅限于特定结构的整体热性能，而没有研究液滴之间的相互作用。目前广泛用于预测液滴传热和传质系数的 R – M 关联式[6]在 THERMAL 模型中采用，具体如下所示：

$$Nu = 2 + 0.6Pr^{1/3}Re^{1/2} \tag{13.23}$$

$$Sh = 2 + 0.6Sc^{1/3}Re^{1/2} \tag{13.24}$$

式中　Pr——普朗特数，$Pr = c_p\mu/k$，其中 c_p 是空气比定压热容，μ 是动力黏度；

Sc——施密特数，$Sc = \mu/\rho_a D_v$。

R – M 试验使用直径为小于 1 000 μm，$0 \leqslant Re \leqslant 200$ 的固定球形液滴，可精确外推至 $Re = 1\ 000$，与其他试验人员使用各种液体和固体球体的 Re 接近 40 000 的结果一致。

由于液滴直径普遍小于 3 000 μm（占定向喷淋池的 60% 以上），且液滴轨迹的 X/D 值可达 2 000 ~ 20 000，因此可将 R – M 关联式应用于 THERMAL 模型中。无论使用哪种关联式，具有大行程的小尺寸液滴温度几乎等于局部湿球温度，因此 THERMAL 模型假设小于 500 μm 的液滴温度等于局部湿球温度。在 THERMAL 模型中，尽管液滴间存在碰撞，但在实际的计算过程中忽略了与它们的定量影响。当液滴碰撞时，可能会产生新的振荡和内部混合，这主要取决于碰撞液滴的相对大小和速度。

13.5　蒸发量的计算

由于定向喷淋池自己能够产生气流,且安装场所环境相对湿度很低,排放大量的饱和空气也可以从喷淋池中带走大量的水分。指定一个地点,其环境干球温度、湿球温度、相对湿度和气压已知:

$$P_{sat} = f(T_{DBT}) \tag{13.25}$$

式中　P_{sat}——环境干球温度下的饱和水压力;

　　　T_{DBT}——环境干球温度。

式(13.25)可采用水和水蒸气物性参数表/计算软件进行求取。

$$RH = \frac{P_w}{P_{sat}} \Rightarrow P_w = RH \cdot P_{sat} \tag{13.26}$$

$$P_a = P - P_w \tag{13.27}$$

$$\omega = \frac{MW_w}{MW_a} \cdot \frac{P_w}{P_a} = 0.62 \frac{P_w}{P_a} \tag{13.28}$$

式中　P_w——蒸汽分压;

　　　P_a——干空气分压;

　　　MW_w——水的摩尔质量;

　　　MW_a——空气的摩尔质量。

单位体积内的空气质量为

$$m_a = \frac{P_a}{R_a(T_{DBT} + 273.15)} \tag{13.29}$$

式中　R_a——空气的气体常数。

单位体积内进入定向喷淋池的水蒸气质量为

$$m_{w-in} = \omega m_a \tag{13.30}$$

空气流经定向喷淋池的喷淋区时,流速为 U,有

$$V = AU \tag{13.31}$$

式中　V——通过定向喷淋池的喷淋区控制体的空气体积流量。

则通过定向喷淋池的喷淋区控制体的总质量流量为

$$M = V(m_a + m_w) \tag{13.32}$$

式中　m_a——干空气质量流量;

　　　m_w——水蒸气质量流量。

湿空气的比定压热容为

$$c_{p,mix} = \frac{m_a c_{p-a} + m_w c_{p-w}}{m_a + m_w} \tag{13.33}$$

式中　c_{p-a}——干空气比定压热容;

　　　c_{p-w}——水蒸气比定压热容;

$c_{p,\text{mix}}$——湿空气比定压热容。

通过定向喷淋池的空气温升为

$$\Delta T_{\text{air}} = \frac{Q}{Mc_{p-\text{mix}}} \tag{13.34}$$

式中　Q——空气体内向空气释放的热量。

空气离开控制体前,干球温度为

$$T_{\text{DBT}-o} = T_{\text{DBT}} + \Delta T_{\text{air}} \tag{13.35}$$

假设空气离开控制体时的相对湿度为 100%,则离开定向喷淋池控制体的水蒸气质量流量可与进入控制体的水蒸气的质量流量相似,蒸发速率(单位为 kg/s)为

$$M_{\text{e}} = V(m_{\text{w}-o} - m_{\text{w}-i}) \tag{13.36}$$

蒸发比率为

$$e = \frac{M_{\text{e}}}{M_{\text{s}}} \tag{13.37}$$

式中　M_{s}——喷淋流量。

13.6　THERMAL 模型的验证

表 13.3 给出了 Rancho Seco 核电站常规平板喷淋池试验结果与 THERMAL 模型计算结果对比,数据来自文献[5],其中喷淋效率在第 12 章中已定义。将其计算结果进行对比,如图 13.8 所示。

表 13.3　Rancho Seco 核电站常规平板喷淋池试验结果与 THERMAL 模型计算结果对比

序号	环境风速		湿球温度		热水温度		冷水温度				效率/%	
							测量值	计算值	测量值	计算值	测量值	计算值
	mile/h	m/s	℉	℃	℃	℉	℉	℃	℉	℃		
1	1.0	0.45	54.14	12.1	101.48	38.0	84.74	28.8	82.58	27.6	35.4	39.9
2	1.0	0.45	48.56	9.0	77.36	24.8	69.08	20.3	70.16	20.9	28.8	25.0
3	6.7	3.00	69.62	20.6	81.14	26.9	77.18	24.7	78.08	25.2	34.4	26.6
4	6.9	3.08	72.32	22.0	80.06	26.3	77.00	24.6	77.72	25.0	39.5	30.2
5	8.3	3.71	66.56	18.9	80.78	26.7	74.30	23.1	76.10	24.1	45.6	32.9
6	12.5	5.59	61.52	16.1	80.06	26.3	71.24	21.4	72.68	22.2	47.6	39.8
7	13.0	5.81	60.98	15.8	79.88	26.2	71.96	21.8	72.32	22.0	41.9	40.0

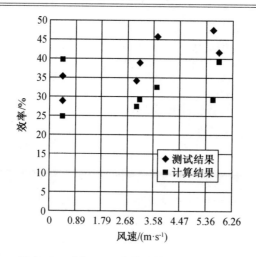

图 13.8　对表 13.3 中的计算结果进行分析

1981 年,Bowman 等人[10]根据 ECC 在相同热负荷和界面压力下进行了专有试验,对计算结果进行了分析,如图 13.9 所示。

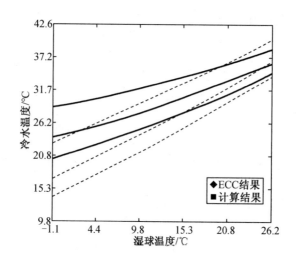

图 13.9　ECC 预测结果与 THERMAL 模型计算结果对比分析

经比较,ECC 预测过于乐观,特别是在较低的环境湿球温度条件下。

图 13.10 所示为哥伦比亚核电站卫星图。图底部的六个圆是圆形机械通风冷却塔,将核电站的废热从循环水散发到大气中。图中右侧的两个圆是两个定向喷淋池,它们是核电站的最终热井。每个定向喷淋池的流量是 10 400 gal/min(39.4 m³/min)。

图 13.11 所示为哥伦比亚核电站的定向喷淋池。THERMAL 模型是在文献[5]出版之前(1978 年)开发的。1979 年,哥伦比亚核电站在文献[11]中发布了其定向喷淋池最终热井试验的第一份报告。THERMAL 的全范围验证成为可能,并首次发表在文献[12]中。ECC 的预测被证明过于乐观,正如哥伦比亚核电站在文献[10]中所述,ECC 所提供的关于哥伦比亚核电站性能曲线乐观了约 17%。表 13.4 中所示的 16 项试验结果是高度可靠的。

图 13.10　哥伦比亚核电站卫星图

图 13.11　哥伦比亚核电站的定向喷淋池

表 13.4　哥伦比亚核电站测试数据与 THERMAL 模型计算结果对比

序号	环境风速		湿球温度		热水温度		冷水温度		计算冷水温度	
	mile/h	m/s	℉	℃	℉	℃	℉	℃	℉	℃
5	1.5	0.67	50.8	10.3	79.7	26.1	67.0	19.1	66.55	18.88
6	1.5	0.67	53.2	11.6	78.8	25.6	67.2	19.2	67.32	19.30
7	8.5	3.80	59.3	14.9	80.5	26.5	70.1	20.8	70.31	20.93
8	12.0	5.36	63.3	17.1	80.7	26.6	71.2	21.4	72.91	22.36
9	1.0	0.45	55.1	12.6	81.3	26.9	70.1	20.8	67.69	19.50
10	5.5	2.46	65.0	18.0	82.0	27.3	73.8	22.8	73.68	22.78
11	15.0	6.71	63.4	17.2	81.2	26.9	70.2	20.9	74.05	22.98
12	11.0	4.92	62.5	16.7	81.2	26.9	70.7	21.1	72.90	22.35

表 13.4(续)

序号	环境风速		湿球温度		热水温度		冷水温度		计算冷水温度	
	mile/h	m/s	℉	℃	℉	℃	℉	℃	℉	℃
13	3.0	1.34	48.9	9.2	79.9	26.2	66.7	19.0	65.70	18.42
14	4.0	1.79	53.1	11.5	79.0	25.7	67.3	19.3	67.39	19.34
15	5.0	2.24	57.6	14.0	80.5	26.5	69.8	20.7	69.59	20.54
16	4.0	1.79	45.1	7.2	78.3	25.3	64.1	17.5	64.38	17.69
17	5.0	2.24	59.0	14.8	77.5	24.9	68.5	19.9	68.98	20.21
18	3.5	1.56	57.7	14.0	75.9	24.0	67.7	19.5	67.49	19.39
19	2.0	0.89	59.1	14.8	73.5	22.7	67.0	19.1	66.96	19.10
20	4.0	1.79	55.0	12.6	68.5	19.9	62.4	16.6	63.88	17.42

文献[11]指出,热水温度的总不确定度为 0.1 ℉(0.056 ℃),冷水温度的总不确定度为 0.6 ℉(0.333 ℃),AWBT 的总不确定度为 1.2 ℉(0.667 ℃)。

表 13.4 还提供了哥伦比亚核电站的试验结果与 THERMAL 模型在相同操作条件下预测的结果之间的比较,局部湿球温度等于湿球温度和出口湿球温度的平均值。测得的冷水温度与计算结果相比,平均差值为 -0.4 ℉(-0.222 ℃)。

图 13.12 所示为哥伦比亚核电站的测试结果和 THERMAL 模型计算结果的对比。图中曲线是表 13.4 中 THERMAL 计算结果冷水温度数据的多项式曲线拟合。图 13.13 所示为 THERMAL 模型与测试结果的对比。纵坐标为冷水温度与环境湿球温度的差值,即逼近温度,横坐标为热水温度与冷水温度的差值,即冷却范围。

图 13.13 确认了文献[11]中的论点,即 ECC 提供的性能曲线不保守。

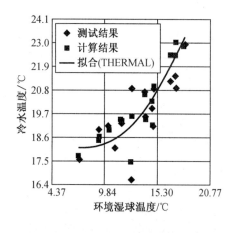

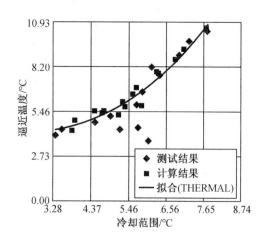

图 13.12 哥伦比亚核电站的测试与 THERMAL 模型计算得到的冷水温度与环境湿球温度

图 13.13 哥伦比亚核电站的测试与 THERMAL 模型计算得到的逼近温度与冷却范围的关系

图 13.14 所示为湿球温度与喷淋效率的关系。在文献[11]的第 19 页,哥伦比亚核电站报告了基于 ECC 经验 NTU 预测的冷水温度,进而建立了冷却范围的关系模型。

图 13.15 显示了环境风速与喷淋效率的关系。图中实线是表 13.4 中试验数据的多项式拟合曲线。

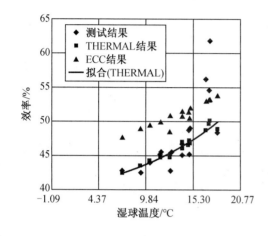

图 13.14　湿球温度与效率的关系

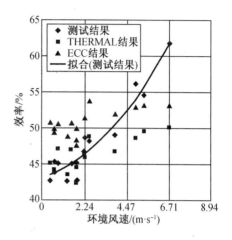

图 13.15　环境风速与效率的关系

从图 13.15 可以看出,在环境风速较高的情况下,THERMAL 模型计算结果越来越保守,因为其假设环境风速为零。

图 13.16 所示为 THERMAL 模型计算结果减去哥伦比亚电站试验结果计算得出的效率差异。对于环境风速小于 4.47 m/s 的情况,THERMAL 模型的预测和测试结果表现出高度一致性,THERMAL 模型在零环境风速或极低环境风速下的有效性被充分验证。

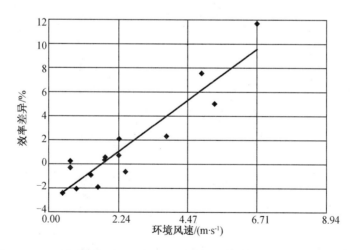

图 13.16　不同环境风速下 THERMAL 模型计算的效率与实测效率差异

13.7　应 用 前 景

13.7.1　电站废热散热

由于定向喷淋池具有结构简单、操作容易、电源需求低、维护简单、空间占用少的特点，其一个明显应用前景是替代机械通风冷却塔。THERMAL 模型的结果如文献［10］（图 13.17）所示，其中界面压力指的是位于立管底部的压力。

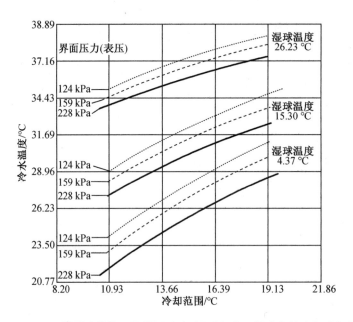

图 13.17　THERMAL 模型计算的不同界面压力、湿球温度下的冷水温度与冷却范围的关系

文献［10］中记载，某一已退役的核电站当初选择定向喷淋池是为了向大气中排放朗背循环的废热，提出了 29 ℉（15.9 ℃）的冷却范围和 33 lb/in²（228 kPa）的喷淋界面压力。当然，这一设施的经济效果可能已经不同于设计之初的设想。

13.7.2　核电站最终热井

文献［10-13］详细分析了作为最终热井使用的定向喷淋池，如哥伦比亚核电站等。经典的常规平板喷淋池在美国已作为多个核电站的最终热井。这些喷淋池通常能储存足够的水，以便在事故发生后 30 天内持续运行。因此，补给水源与核安全的关联性降低。然而，由于喷淋池无法防止龙卷风、导弹的袭击，因此通常需要备用多种冷却水源，作为喷淋池水的替代水源。

2008 年，Bowman[13] 发表了东芝核电公司准备在美国亚拉巴马州斯科茨伯勒的 Bellefonte 核电站(先进沸水堆，ABWR)的最终热井设计。先进沸水堆的最终热井由三个主动安全的反应堆厂用水系统分区组成，位于一个单独的喷淋池中，拟为新建的两个核电机组提供冷却服务，其大小足以在设计基准条件下冷却 30 天。图 13.18 所示为先进沸水堆核电站的最终热井示意图。

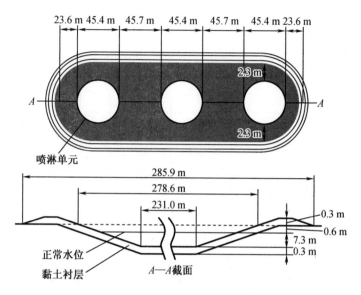

图 13.18　先进沸水堆核电站的最终热井示意图

每个喷淋单元的一半专用于 1 号机组，另一半专用于 2 号机组。图 13.19 给出了冷却剂丧失事故(LOCA)后喷淋池的瞬态分析的结果。

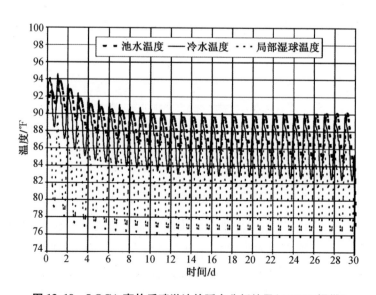

图 13.19　LOCA 事故后喷淋池的瞬态分析结果(ASME 提供)

13.7.3 降低废水温度

《美国清洁水法(U.S. Clean Water Act,CWA)》第316(a)节要求,向美国水域排放的废水,所含热量必须低于各州制定的系统限值。定向喷淋池能够将待排放的循环水降低温度至限值以下。图13.20给出了拟建Clinch River小型模块化反应堆电站的排污水中定向喷淋冷却装置能够实现的冷却量[14]。

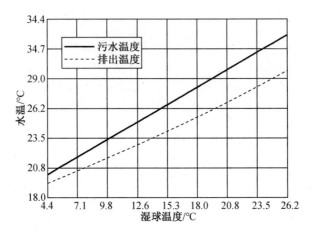

图 13.20   定向喷淋冷却装置能够实现的污水冷却量

13.7.4 协同现有冷却池

随着夏季的到来,环境温度持续升高,冷却池(湖)水的温度也逐渐升高,导致循环水温度升高,凝汽器压力上升。而此时又是电力需求最大的时候,因此采用冷却池(湖)的机组必须努力降低循环水温度来维持透平的排汽压力。图13.21给出了定向喷淋池在最具挑战性的高环境湿球温度[15]的情况下实现高效冷却的实例。

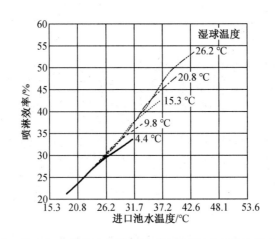

图 13.21   与冷却池协同的定向喷淋冷却装置在高环境湿球温度下的高效冷却效果(ASME 提供)

13.7.5   蒸发池

在没有热源或者相对湿度较低的区域,为了满足零排放的要求,定向喷淋冷却装置能够有效地促进蒸发池内水分的蒸发,如图 13.22 所示。

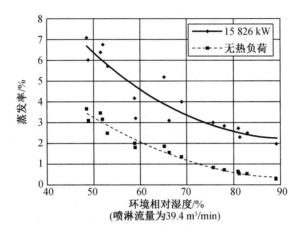

图 13.22   应用于蒸发池的定向喷淋池热负荷与蒸发率的关系(ASME 提供)

13.8   本 章 算 例

参考图 13.14 与第 12 章的算例,计算能够达到与第 12 章中相同的进入主凝汽器的循环水温度时,定向喷淋冷却装置喷淋树状结构数量及喷淋所需的功率。

继续第 12 章的例子,2005 年进行了一项研究,准备研究降低进入得克萨斯州 Glen Rose 附近 Comanche 核电站主凝汽器循环水温度的替代方案。所考虑的替代方案之一是喷淋 8 327 m³/min 循环水流量中的一部分,该循环水在电厂和冷却池间循环(参见第 11 章)。

假设定向喷淋池带有与 13.1 节中所述相同的喷淋树状结构,每棵树状结构上有七个 3.81 cm 的旋风喷嘴,总流量为 3 251.23 m³/min。根据图 13.15,在风速为 6.7 m/s 时,定向喷淋池的效率为 62%,且定向喷淋池的设计对到达喷嘴的空气没有干扰,局部湿球温度等于环境湿球温度。相对于冷却池表面,喷淋树状结构的工作压力为 142.7 kPa。假设环境湿球温度为 10 ℃,循环水离开喷嘴时的温度为 27.2 ℃,离开定向喷淋池的循环水冷水温度可计算如下:

$$\eta = \frac{t_1 - t_2}{t_1 - t_{WB-amb}} \Rightarrow t_2 = t_1 - \eta \left(t_1 - t_{WB-amb} \right)$$

为使进入主凝汽器的循环水的温度由 27.2℃减至 26.4℃,进行喷淋的循环水流量为

$$G_{CCW} t_{CCW-in} = (1 - X) G_{CCW} t_1 + X G_{CCW} t_2$$

$$t_{CCW-in} = t_1 + X(t_2 - t_1)$$

$$X = \frac{t_{CCW-in} - t_1}{t_2 - t_1} = 7.8\%$$

式中　X——需喷淋的循环水百分比。

树状结构的数量为

$$N_{nozzles} = \frac{0.078 \times 8\ 327}{1.24} \approx 528$$

所消耗的电功率可以计算如下,首先经过泵的流量为

$$G_{pump} = 0.078 \times 8\ 237 \approx 650(\mathrm{m^3/h})$$

当泵和电机的效率分别为80%、95%时,忽略管道摩擦阻力,所需泵的压头参考冷却池平面,泵所需要的功率计算如下所示:

$$Power_{pump} = \frac{\frac{1}{60}G_{pump}H_{spary}}{\eta_{pump}\eta_{motor}} = \frac{\frac{1}{60} \times 650 \times 142.7 \times 1\ 000}{0.80 \times 0.95} \approx 2\ 034\ 101(\mathrm{W}) = 2\ 034(\mathrm{kW})$$

本章参考文献

[1] Shrock, V. E. , G. J. Trezek, and L. R. Keilman, Performance of a Spray Pond for Nuclear Power Plant Ultimate Heat Sink, ASME Paper 75-WAHT-41, 1975.

[2] Jain, M. L. and R. W. Porter, Heat, Mass, and Momentum Transfer from Sprays to Air in Cross Flow, IIT Waste Energy Management Technical Memorandum TM-79-2, Illinois Institute of Technology, July 1979.

[3] Chaturvedi. S. and R. W. Porter, Effect of Air-Vapor Dynamics on Interference for Spray Cooling Systems, Waste Energy Management Technical Report TR-77-1, March 1977.

[4] Stoker, R. J. , Water Cooling Arrangement, U. S. Patent No. 3,983,192, September 28, 1976, The United States Patent and Trademark Office, Washington, D. C.

[5] Berger, M. H. and R. E. Taylor, An Atmospheric Spray Cooling Model, In Environmental Effects of Atmospheric Heat/Moisture Release: Cool Towers, Cool ponds and Area Sources, *Proceedings of the 2nd AIAA/ASME Thermophysics and Heat Transfer Conference*, Palo Alto, CA, May 24-26, 1978, American Society of Mechanical Engineers, New York, 1978, pp. 59-64.

[6] Ranz, W. E. and W. R. Marshall Jr. , Evaporation from Drops, *Chemical Engineering Progress*, vol. 48, nos. 3 and 4, 1952, pp. 141-180.

[7] Dickinson, D. R. , and W. R. Marshall, Rates of Evaporation of Sprays, *AICHE Journal*, vol. 14, 1968, pp. 541-552 (As cited in Reference 2).

[8] Bowman, C. F, R. E. Taylor, and J. D. Hubble, The Oriented Spray Cooling System for Heat Rejection and Evaporation, Paper at ASME Power Conference and Nuclear Forum,

July 2019.

[9]　Ryan, R. T, Behavior of Large, Low-Surface-Tension Water Drops Falling at Terminal velocity in Air, *Journal of Applied Meterology*, vol. 15, 1976, pp. 157-165.

[10]　Bowman, C. F, D. M. Smith, and J. S. Davidson, Application of the TVA Spray Pond Model to Steady-State and Transient Heat Dissipation Problems, *Proceedings of the American Power Conference*, Volume 43, 1981.

[11]　Conn, K. R., 1979 Ultimate Heat Sink Spray System Test Results, Washington Public Power Supply System Nuclear Project No. 2, WPPSS-EN-81-O1, 1981.

[12]　Bowman, C. F, Analysis of the Spray pond Ultimate Heat Sink for the Advanced Boiling Water Reactor, *Proceedings of the American Power Conference*, Volume 56, 1994.

[13]　Bowman, C. F., Oriented Spray Cooling System Ultimate Heat Sink for Future Nuclear Plants, *Proceedings of the at 16th International Conference on Nuclear Engineering*, May 2008.

[14]　Tennessee Valley Authority ClinchRiver Nuclear Site-Early Site Permit Application-Part 3, Environmental Report, Section 9. 4. 2. 2. 2, p. 96.

[15]　Bowman, C. F., the Oriented Spray Cooling System for Supplementing Cooling Lakes, *Paper at ASME2017 Power and Energy Conference*, June 2017.

第14章 定向喷淋辅助冷却塔

14.1 定向喷淋辅助冷却塔的起源

如 10.7 节所述,在开发计算机化冷却塔仿真算法之前,根据 Mekerl 方程设计和建造的大多数自然通风冷却塔都存在缺陷。该缺陷对核电站有着重要影响,为了避免低压透平背压超过许可值(参见 5.5 节),有时会要求反应堆降低功率被运行。提高现有自然通风冷却塔的能力是一项具有挑战性的课题,简单地增加填料的数量会导致压降的增加,从而减少通过冷却塔的空气流量;增加现有冷却塔围挡高度,不能有效补偿增加压降。虽然采取改善循环水在填料上的分布以及在逆流自然通风冷却塔周围添加填料等措施可以在一定程度上改善冷却塔的性能,但改进有限。一些核电站试图通过将机械通风与自然通风并行等措施来增加散热系统的散热能力。

1995 年,Bowman[1] 为定向喷淋辅助冷却塔申请了专利,这是一种新的自然通风冷却塔设计,可以应用于新的或现有的自然通风冷却塔,而无须对现有结构进行修改。如图 14.1 所示,定向喷淋辅助冷却塔将部分循环水流量从冷却塔内的环形集管转移到一系列喷淋树状结构。每个喷淋结构由垂直立管、喷淋臂和喷嘴组成,这些喷嘴均匀地分布在冷却塔外部,以产生朝向自然通风冷却塔中心轴的均匀喷淋模式,所产生的气流方向与冷却塔通风方向一致。喷洒的水落在从总管延伸至冷却塔水池的围堰上,围堰向水池轻轻倾斜,以便喷洒的水流入水池。喷淋液滴对空气施加了部分推力,与传统的自然通风冷却塔设计相比,其增加了进入塔内的空气速度和流量。将要冷却的一部分水转移到冷却塔外部的喷淋树状结构中,冷却塔换热部分的负荷减少,进而减小了由水所引起的气流阻力。在塔外部区域喷水冷却时,喷水量不会灌满水池,不会干扰冷却塔的正常运行,并且增加了进入塔中心的气流。自然通风冷却塔在水池上方达到最大风速,这正是提高效率的好办法。因此,蒸发冷却的效率得到了提高。冷却塔性能的改善,增加了电力输出而不增加核燃料或辅助动力消耗,从而提高了逆流自然通风冷却塔核电站的经济竞争力。

Bowman 和 Benton[2] 在 1996 年记录了提高逆流自然通风冷却塔冷却能力的技术基础。采用计算机程序而非传统的设计方式进行传热优化计算,提高冷却塔能力,尽管通过大量试验数据的比较已经得到了严格验证,但这一概念尚未被核电工业所接受。

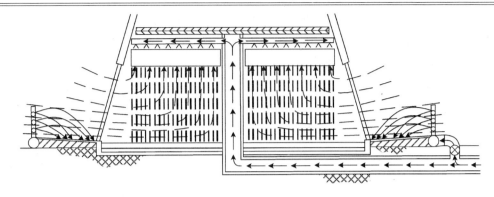

图 14.1 定向喷淋辅助冷却塔工作示意图

14.2 定向喷淋辅助冷却塔的设计

除一个电动蝶阀外,定向喷淋辅助冷却塔不包含任何机动部件。蝶阀用于隔离喷淋树状结构。由于喷淋压力完全来自水流分流至喷淋集管处循环水系统中的残余压力,因此喷淋树状结构和集管必须采用巧妙的水力学设计,以便在喷嘴处产生所需的压力。

如 13.7 节所述,2003 年,东芝公司考虑在 Bellefonte 现场建造一座先进沸水反应堆,拟充分利用现有的自然通风冷却塔。拟建先进沸水反应堆的设计循环水流量为 522 000 gal/min(1 976 m³/min),而 Bellefonte 现有的自然通风冷却塔设计循环水流量只有 435 000 gal/min(1 647 m³/min),相差 87 000 gal/min(329 m³/min)。经慎重考虑,决定将 Bellefonte 现场的两个逆流自然通风冷却塔改装为定向喷淋辅助冷却塔。Bellefonte 的每个自然通风冷却塔水池的直径约为 412 ft(125.6 m)。由于喷淋树状结构集管的半径应比水池半径长 20 ~ 30 ft(6.1~9.1 m),且喷淋树状结构的间距约为 12 ft(3.7 m),因此可容纳约 118 个喷淋树状结构,每个喷淋树状结构的流量为 733 gal/min(2.77 m³/min)。图 14.2 所示为定向喷淋辅助冷却塔管道布置,给出了核电站所选用的管道,其中管道尺寸是根据水力模型分析选择的,以最大限度地提高喷嘴处的可用压力。其高程与冷却塔水池壁的顶部高度有关。水力模型表明,在喷淋环状集管中点,高程 3.0 ft(0.9 m)处,残余压力为14.1 lbf/in²(g)(表压为 97.2 kPa)。

图 14.3 所示为建议的定向喷淋辅助冷却塔的树状喷淋结构设计,其中标高为相对于冷却塔水池壁顶部的高度。

该设计包括 12 个 Spray Engineering 公司生产的 2CX - SS50 喷嘴,额定流量为 50 gal/min(0.189 m³/min),额定压力为 7 lbf/in²(48.3 kPa),由 6 in(152 mm)立管和 2 in(51 mm)喷淋支管支撑。表 14.1 给出了每个喷嘴的压力和流量。

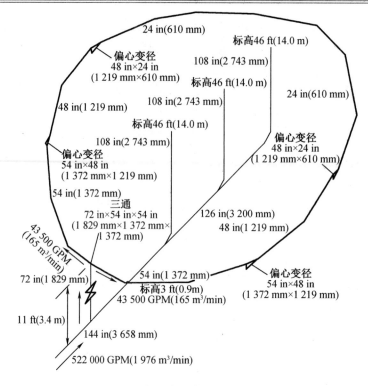

图 14.2　定向喷淋辅助冷却塔管道布置

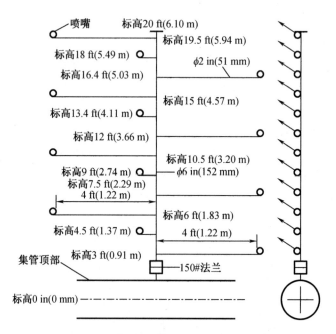

图 14.3　建议的定向喷淋辅助冷却塔的树状喷淋结构设计

表 14.1　喷嘴的压力和流量

喷嘴标号	标高		表压		流量	
	ft	mm	PSI	kPa	gal/min	m³/min
8L	19.50	5.94	7.0	48.3	50.00	0.189 3
8K	18.00	5.49	7.6	52.4	52.27	0.197 9
8J	16.50	5.03	8.3	57.2	54.44	0.206 1
8I	15.00	4.57	8.9	61.4	56.53	0.214 0
8H	13.50	4.11	9.6	66.2	58.55	0.221 6
8G	12.00	3.66	10.2	70.3	60.49	0.229 0
8F	10.50	3.20	10.9	75.2	62.38	0.236 1
8E	9.00	2.74	11.5	79.3	64.21	0.243 1
8D	7.50	2.29	12.2	84.1	65.99	0.249 8
8C	6.00	1.83	12.8	88.3	67.73	0.256 4
8B	4.50	1.37	13.5	93.1	69.42	0.262 8
8A	3.00	0.91	14.1	97.2	71.07	0.269 0
总计					733.09	2.775 0

14.3　定向喷淋辅助冷却塔的技术基础

冷却塔快速仿真的技术基础见 10.8 节。KXDRAG(轨迹确定与飘散损失模拟算法)和 THERMAL 模型的数据分别列在 13.3 节和 13.4 节中。将这些算法结合,以便模拟定向喷淋辅助冷却塔。首先运行 KXDRAG 和 THERMAL,以确定定向喷淋的出口条件,该条件成为逆流自然通风冷却塔的入口条件,入口区域的高度与冷却塔的控制容积高度相等。对于表 14.1 中描述的 Bellefonte 核电站的喷淋树状结构,平均喷高为池壁上方 25.4 ft (7.74 m)。高于上述高度进入自然通风冷却塔的空气按环境空气参数模拟。

表 14.2 给出了在 llefonte 核电站的定向喷淋辅助冷却塔计算程序中给定的定向喷淋出口条件。

表 14.2　llefonte 核电站的喷淋出口条件

环境湿球温度		出口湿球温度		出口冷水温度		出口风速	
℉	℃	℉	℃	℉	℃	ft/s	m/s
40	4.44	72.86	22.70	88.26	31.26	6.46	1.969
55	12.78	76.57	24.76	91.78	33.21	6.47	1.972
80	26.67	93.02	33.90	104.45	40.25	6.56	1.999

图 14.4 给出了定向喷淋后进入自然通风冷却塔的喷淋效率。定向喷淋效率随湿球温度的变化而变化,自然通风冷却塔的喷淋效率也随湿球温度的变化而变化。

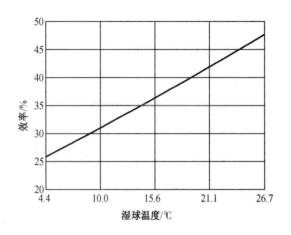

图 14.4   定向喷淋后进入自然通风冷却塔的喷淋效率

尽管来自定向喷淋的水温通常比来自自然通风冷却塔填料的水温高出几摄氏度,但是通过冷却塔的气流增加了大约 12% ,导致 L/G 值降低了大约 20% ,来自冷却塔和定向喷淋的混合循环水温度降低。

14.4   Bellefonte 核电站的分析结果

关于如何处理东芝先进沸水堆设计要求的循环水流量与 Bellefonte 核电站现场现有自然通风冷却塔的设计流量之间的差异,有以下几种处理方案:①将现有自然通风冷却塔的水负荷增加到 522 000 gal/min;②添加机械通风冷却塔;③转换现有自然通风冷却塔到定向喷淋辅助冷却塔,以冷却 87 000 gal/min 的差值。图 14.5 给出了每个备选方案的凝汽器入口温度与湿球温度的关系。图 14.6 给出了先进沸水堆核电站中每个核动力单元净发电量的计算值与湿球温度的关系。图 14.7 给出了一年内计算的先进沸水堆核电站每个核动力单元净电输出净值,图中表明最优时间是夏季。

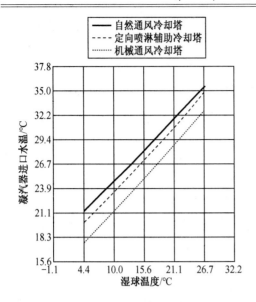

图 14.5　凝汽器入口温度与湿球温度的关系

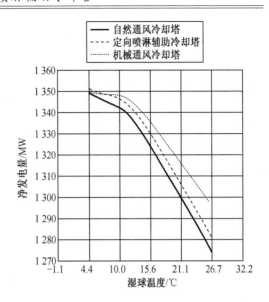

图 14.6　每个核动力单元净发电量的计算值与湿球温度的关系

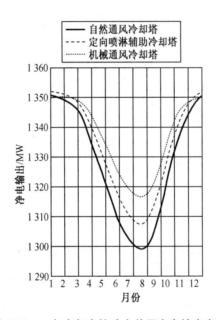

图 14.7　一年内每个核动力单元净电输出净值

表 14.3 给出了每个先进沸水堆机组单元每月平均电力输出。

表 14.3　每个先进沸水堆机组单元每月平均电力输出

月份	河水温度		湿球温度		自然通风冷却塔电力输出/MW	定向喷淋辅助冷却塔电力输出/MW	机械通风冷却塔电力输出/MW
	℉	℃	℉	℃			
1			36.0	2.2	1 350.88	1 352.11	1 349.86
2	33	0.6	40.0	4.4	1 349.32	1 351.19	1 349.88
3	35	1.7	45.0	7.2	1 345.94	1 348.81	1 349.01
4	45	7.2	55.0	12.8	1 334.88	1 339.86	1 343.27
5	62	16.7	69.0	20.6	1 321.57	1 328.17	1 334.17
6	70	21.1	72.0	22.2	1 308.37	1 316.14	1 324.09
7	74	23.3	72.0	22.2	1 300.26	1 308.63	1 317.61
8	77	25.0	67.0	19.4	1 300.26	1 308.63	1 317.61
9	77	25.0	57.0	13.9	1 313.08	1 320.47	1 327.77
10	73	22.8	47.0	8.3	1 332.01	1 337.39	1 341.44
11	64	17.8	37.0	2.8	1 344.19	1 347.48	1 348.31
12	49	9.4	36.0	2.2	1 350.53	1 351.92	1 349.91
平均	34	1.1	40.0	4.4	1 329.28	1 334.23	1 337.75
基于自然通风冷却塔的差值					0	4.96	8.47
基于机械通风冷却塔的差值						3.51	0

由表 14.3 可以看到,定向喷淋辅助冷却塔改造后的净发电量差值仅为添加机械通风冷却塔的 60% 左右。然而,2003 年进行的一项成本估算得出,对现有的自然通风冷却塔进行改造的成本仅为新修建机械通风冷却塔的 25%。因此,定向喷淋辅助冷却塔的效益成本是机械通风冷却塔的 1.7 倍。

14.5　定向喷淋辅助冷却塔的性能改进

定向喷淋辅助冷却塔的性能改进主要取决于冷却塔的设计。冷却塔快速仿真算法预测,在 55 ℉(12.8 ℃)的设计湿球温度下,Bellefonte 核电站现有的自然通风冷却塔能力仅为设计的 90.6%。能够转移到定向喷淋系统的循环水量是冷却塔水池直径的函数,这是因为喷淋树状结构的间距是固定的,且喷淋中的最大空气夹带量是喷嘴处可用压力的函数。喷嘴压力由冷却塔接口处将循环水分配到冷却塔填料层上所需的压力,减去总管和喷淋树状结构中的压降确定。与传统冷却塔设计相比,定向喷淋辅助冷却塔设计的优势显而易见。定向喷淋辅助冷却塔设计适用于未来的冷却塔设计,或可改造现有冷却塔,在增加电厂的发电能力的同时,不增加燃料消耗或所需的辅助电源。对于在夏季运行时接近低压透平背压极限的核电站,定向喷淋辅助冷却塔将特别有效。

14.6　本 章 实 例

为了减少循环水进口温度,采用将逆流式自然通风冷却塔改装为定向喷淋辅助冷却塔。

田纳西州 Watts Bar 核电站的主凝汽器为单通道、多压力、多壳体凝汽器,有三个压力区与三个低压透平排汽管相匹配(参见 6.2 节)。在高环境湿球温度期间,1 号机组的工作人员经历了最高压力区的壳侧压力,超过了制造商对低压透平背压的限制。实际运行中该现象曾经导致透平叶片故障,并导致长时间停机(参见 5.3 节)。2005 年进行了一项研究降低主凝汽器循环水温度的方法。所考虑的替代方案包括改善循环水在填料上的分布、在逆流自然通风冷却塔周围添加填充材料、添加与自然通风冷却塔平行的机械通风冷却塔以及将自然通风冷却塔转换为定向喷淋辅助冷却塔。

表 14.4 给出了在热水温度为 53.3 ℃、环境湿球温度为 26.7 ℃时,带有喷淋设施与不带有喷淋设施的自然通风冷却塔的性能参数对比。

表 14.4　关键性能参数对比

参数	单位	不带有喷淋设施	带有喷淋设施
干空气流量	kg/s	19 651	22 070
平均水负荷	kg/(s · m²)	2.536	2.211
水气比		1.35	1.05
喷淋冷水温度	℃		35.56
水池冷水温度	℃		32.33
冷却塔冷水温度	℃	33.22	32.72

可以看到,虽然喷淋产生的冷水温度高于无喷淋设施的自然通风冷却塔,但气流的增加加上喷淋设施导致的自然通风冷却塔上的水负荷减少,显著降低了 L/G 值,从而增加了 KaV/L 值(图 10.11)。因此,混合冷水温度低于无喷淋设施的自然通风冷却塔。

从图 14.8 可知,将 Watts Bar 核电站的自然通风冷却塔转换为定向喷淋辅助冷却塔,能够实现将冷水温度降低的目的。

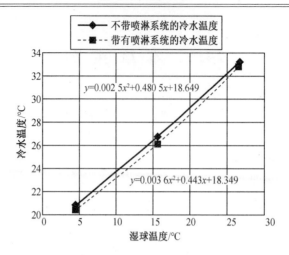

图 14.8 将自然通风冷却塔转换为定向喷淋辅助冷却塔实现冷水温度降低

应用图 14.8 中的方程式,可以了解月均湿球温度来确定冷水温度的年均减少量,具体见表 14.5。

表 14.5 月均冷水温度对比
单位:℃

月份	1 月	2 月	3 月	4 月	5 月	6 月	7 月	8 月	9 月	10 月	11 月	12 月	平均值
湿球温度	1.7	3.3	5.9	11.0	15.7	19.5	20.9	20.6	17.5	11.6	6.1	2.6	
冷水温度(无喷淋)	19.5	20.3	21.6	24.2	26.8	29.0	29.8	29.6	27.8	24.6	21.7	19.9	
冷水温度(有喷淋)	19.1	19.9	21.1	23.7	26.2	28.4	29.2	29.0	27.2	24.0	21.2	19.5	
温差	0.4	0.4	0.5	0.6	0.6	0.6	0.6	0.6	0.6	0.6	0.5	0.4	0.5

注意:表 14.5 中,在湿球温度最高的时期,冷水温度的改善是最大的。

最终,Watts Bar 核电站并未将其自然通风冷却塔转换为定向喷淋辅助冷却塔,而是改善了填充材料上的循环水分布,并在自然通风冷却塔周围添加了填充材料,随后采购了一个带有加固末级叶片的低压透平主轴,以承受更高的排汽背压。

本章参考文献

[1] Bowman, C. F, Oriented Spray-Assisted Cooling Tower, U. S. Patent No. 5,407,606, April 18, 1995, The United States Patent and Trademark Office, Washington, DC.

[2] Bowman, C. F. and D. J. Benton, Oriented Spray-Assisted Cooling Tower, Cooling Tower Institute Paper No. TP96-08, February, 1996.

第 15 章 废热利用优化

15.1 概　述

本章所述的废热利用不应与余热锅炉或热电联产相混淆。热电联产可以是新的循环，如废热锅炉是一种换热器，它从高温热源（如燃气透平排汽或炼钢厂）回收能量，并利用这些能量产生蒸汽，蒸汽通过蒸汽透平膨胀产生电能。热电联产的另一个例子可能是将一部分热再热蒸汽（参见4.2节）输送到工业应用中，而不是通过低压透平将其全部膨胀。而本书所述的废热是发电厂排出的能量，其品质过低，无法用于发电。

热力学第二定律要求，在封闭朗肯循环中运行的装置，其注入热量的60%~70%必须排向主凝汽器。这样，废热释放到周围环境中（参见6.1节）。尽管发电厂排出的循环水温度太低，不适合发电，但也可用于其他用途，如加热温室或保持水产养殖设施的最佳温度，这对于那些通过冷却塔将废热直接排放到大气中的发电厂来说也是如此。

15.2　废热利用的挑战

60%~70%的热量散发到大气环境中常被认为是能源的浪费。利用这种"浪费"的能源所面临的挑战是体制和经济上的，而不是技术上的。大多数电力公司认为在促进余热利用方面没有什么收益。与发电得到的利益相比，向废热用户提供热水的成本是非常高的。如果电站在没有冷却塔的开放式环境中运行，则从发电厂排出的废热温度可低至10~16℃，无法有效利用。在温室和水产养殖中利用余热的设施确实存在，但这些都是相对较小的示范项目，经济意义不大。从经济角度来看，更实用的是与发电厂相关的余热散热设施，利用冷却塔将余热直接排放到大气中最划算。在某些情况下，循环水离开核电站时的温度为26~35℃，具体取决于核电站的位置和散热系统的设计（参见6.2节）。在这些情况下，余热利用在经济上仍然具有挑战性，并显示出更大的前景。

相比于经济问题，废热利用的制度问题可能更具挑战性。除非电力公司和废热用户看到在废热能源合作的一些重大经济效益，能够抵消潜在的不便，否则很难实现。过去，一些电力公司，如 Northern States 公司、宾夕法尼亚电力公司、Light 公司及田纳西河流域管理局认为与这些项目合作会带来一些公共关系方面的好处。但随着电力公司行业普遍放松了管制，人们更加关注行业的道德底线。

　　田纳西河流域管理局利用美国国会拨出的资金,对20世纪七八十年代发电厂余热的利用进行了广泛的研究。田纳西河流域管理局在亚拉巴马州的 Muscle Shoals 设施和 Browns Ferry 核电站研究建造废热温室,并在田纳西州的 Gallatin 化石工厂和 Browns Ferry 进行水产养殖试验。田纳西河流域管理局和其他人员已经清楚地证明了利用余热加热温室和水产养殖技术的可行性。然而,田纳西河流域管理局不再在这些项目上获得拨款,又必须与竞争对手继续竞争。废热利用的未来主要取决于其经济性和可行性,并且与常用制热原料天然气的成本有关。由于水平钻井和水力压裂技术普及,天然气价格较低,使得余热利用在经济上具有挑战性。

15.3　Watts Bar 废热利用园区

　　1978 年,田纳西河流域管理局调查了利用 Watts Bar 废热的可行性。该核电站当时正在田纳西州诺克斯维尔和查塔努加之间进行建设。当时天然气成本相对较高,且预计还会继续上涨。最后,田纳西河流域管理局从冷却塔到安全围栏外安装了一条废热管道,这条管道目前仍然存在。已确定拟建的废热利用园区位于电厂以西 400 英亩(约 162 hm^2)的区域。废热园区从自然通风冷却塔内取水,管道设计为输送 100 000 gal/min(378.5 m^3/min)。1980 年,田纳西河流域管理局发布了一份最终的环境影响评估声明,结论是商业废热利用的成功示范将有利于田纳西河谷地区和美国,授予园区管理组织发展园区的占地是一项对环境无害的行动,且不利影响较少。其他地方利用传统热源进行类似开发所产生的影响超出预期。田纳西河流域管理局继续为废热利用园区开展积极的推广活动,收到了 12 家温室公司和五家从事乙醇生产、皮革鞣制和木材防腐的制造公司的意向书。1982 年 3 月,在田纳西河流域管理局电力经理呈递给田纳西州瑞亚县行政长官的一封函中,田纳西河流域管理局承诺:“如果您能够从拨款或其他来源获得足够的基础设施资金,并且引来大量热水用户落户在园区内,田纳西河流域管理局将负责安装热水管道来满足需要”[2]。然而,由于核电建设成本高,电力需求下降,田纳西河流域管理局随后推迟了 Watts Bar 的第二台机组建造日程。由于只有一台机组,废热利用园区的用户不能保证有可靠的废热来源。反依赖单台机组建立能够持续应用的废热利用园区被证实不可行,尽管第二台机组于 2016 年完工,但曾经在 Watts Bar 建立的非热利用园区已不复存在。15.4 节中的废热特性是基于文献[1]中所报告的 Watts Bar 的废热利用园区基础上进行研究的。

15.4　废热利用特性

　　废热的质量取决于散热系统的设计、湿球温度及相对湿度(参见 9.3 节)。如 6.2 节所述,在使用冷却塔的情况下,常用多压力主凝汽器会降低循环水流速,并相应增加通过主凝汽器的温升。再加上来自冷却塔的冷水温度相对较高,导致来自主凝汽器的热水温度远高于其他情况。

图 15.1 给出了来自主凝汽器的最小、平均和最大日均热水温度。当然,与湿球温度一样,热水温度也有很大的变化,如图 15.2 所示。

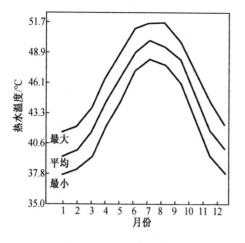

图 15.1 日均热水温度

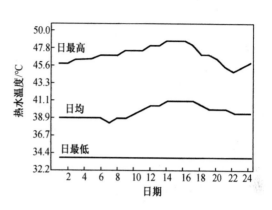

图 15.2 1 月份热水温度

在具有较大热惯性的废热用户中,可以在较低温度下运行一段时间。如图 15.3 所示,7 月份时,某些应用(如温室)不需要热量,循环温度可能相当高。然而,这是一年中电力需求最为吃紧的时候,必须通过冷却塔散除多余的热量。

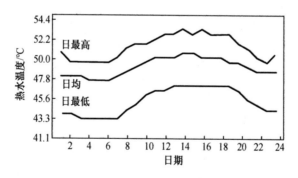

图 15.3 7 月份热水温度

15.5 废热利用方向

虽然有部分工业应用,如乙醇生产、皮革鞣制、木材保存可能受益于废热的有效利用,但绝大多数情况下,人们对利用废热的焦点都集中在加热温室和水产养殖上。

15.5.1 温室

针对此方向已经进行了大量的研究,并且建成有几个示范项目,致力于利用极低品质的余热为温室供暖,例如,可以从一个具有开放式散热系统的核电站获得的废热(参见9.1节)。

在传统温室中,常见的做法是在温室周围使用加热器,或使用蒸汽、热水作为热源的高架加热管输送热量。田纳西河流域管理局、罗格斯大学和其他一些机构对废热温室进行了大量的研究,有吸引力的方向是采用地暖,即在地板下嵌入热水加热管。地暖系统可包括数块 $3 \sim 4$ in($7.6 \sim 10.2$ cm),浇筑在龙骨上的多孔混凝土板;或仅包括一块这样的多孔混凝土板,管道穿过该混凝土板。研究表明,湿地板的传热系数大于地板的传热系数[3]。地板加热管长度控制在150 ft(45.8 m)以内,以保持温室内的温度均匀。由于废热质量的限制,在寒冷天气可能需要辅助额外的高架加热系统。

对于采用地暖的温室:

$$Q = U_F A (T_{wh-ave} - T_{GH}) = U_C A (T_{GH} - T_{amb}) \tag{15.1}$$

式中　Q——换热量,W;

　　　U_F——地板的传热系数,W/($m^2 \cdot K$);

　　　A——地板面积,近似认为是换热面积,m^2;

　　　T_{wh-ave}——废热平均温度,℃;

　　　T_{GH}——温室温度,℃;

　　　U_C——对流传热系数,W/($m^2 \cdot K$);

　　　T_{amb}——环境温度,℃。

从加热管到温室内部的传热系数 U_F 的值为 $4.16 \sim 6.98$ W/($m^2 \cdot K$),该值的大小取决于地板的设计和温室地板、长凳上植物的配置[4-5]。

15.5.2 水产养殖

田纳西河流域管理局和几所大学对高密度循环流水养殖技术进行了大量的研究。鲶鱼和罗非鱼都是温水养殖物种,美国养殖的鲶鱼绝大多数来自南部各州的农场池塘中[6]。罗非鱼的消费量急剧增加,它已经从一种民族性菜肴转变为美国大多数家庭、连锁餐厅的主食,然而在美国消费的罗非鱼绝大多数是从哥斯达黎加、厄瓜多尔和中国台湾等国家和地区进口的[7]。罗非鱼是美国第三大进口水产,其进口量仅次于虾和大西洋鲑鱼[8]。美国国内生产的罗非鱼数量相对较少,且由于美国南部地区对室外池塘中的罗非鱼生产进行了严格管制,约70%的罗非鱼是在室内水循环水产养殖系统中生产的[8-9]。

鱼类饲养需要考虑优化饲料投喂质量与产鱼质量的比值。鲶鱼和罗非鱼生长的最佳水温范围为 $27.8 \sim 30$ ℃[10]。图15.4给出了饲料转化率(每千克饲料量/每千克活鱼量)与水温的关系。除此之外,其他因素也会影响饲料投喂质量与产鱼质量的比值。

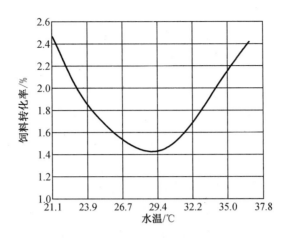

图 15.4 饲料转化率与水温的关系(由 ASME 提供)

正确设计的高密度循环水管道的长宽深比为 30:3:1,每 100 磅(约 45.36 kg)鱼,需要水流量为 6 ~ 12 GPM(22.7 ~ 45.4 L/min),水流速度至少为 6.5 ft/s(1.98 m/s),换水量为 4 ~ 10 次/h,以满足氧气需求[11-12]。表 15.1 给出了典型的高密度循环流水养殖的设计参数。

表 15.1 高密度循环流水养殖的设计参数

参数	单位	值	单位	值
长	ft	90	m	27.4
宽	ft	9	m	2.7
深	ft	3	m	0.9
水深	ft	2.5	m	0.8
通道数	个	54	个	54
每个通道流量	GPM	1 852	L/min	7 010.6

每条循环流水管道将分为 8 个部分。循环水进口端的第一部分将包含鱼苗,当它们的质量增加到大约 0.25 lb(0.113 kg)时,它们将被移动到下面两个部分,在那里它们将从 0.25 lb(0.113 kg)增加到 0.5 lb(0.227 kg),最后移动到下面四个部分,在收获之前它们将增长到大约 1.0 lb(0.454 kg)。最后一段将留作冲洗废物之用,在循环水被送回核电站之前,残余废物都将被收集在沉淀池中。

整个生长过程大约需要 105 d[13]。假设最终产率约为 9.0 lb/ft(13.4 kg/m),每个循环流水管道的产量约为 1 542.2 kg/a,总产量为 771 t/a。

15.6 废热利用的经济性

除了工业园区和废热利用园区中温室、高密度循环流水管道的建造成本外,废热利用的主要成本是进出冷却塔的管道成本及将循环水泵送至核电站外的额外成本。以向 400 英亩(161.9 hm²)园区输送 378.54 m³/min 的 Watts Bar 核电站为例,假设有 200 英亩(80.9 hm²)的温室。在下面的成本分析中,假设 U_F 保守值为 4.16 W/(m²·K),假设 U_C 为 6.81 W/(m²·K)的单层玻璃设计。由于地板上加热管长度的建议限制约为 150 ft(45.7 m)以保持温室内的均匀温度,温室的布置应确保循环水从第一个温室到第二个温室后,工作温度和种植的作物各不相同。图 15.5 所示的温度是没有热量补给的温度。

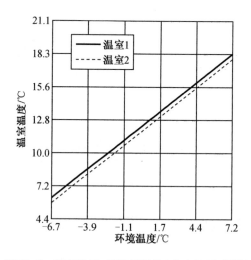

图 15.5 温室温度,无热量补给(由 ASME 提供)

由于两个温室串联,具有相同的循环水流量,因此每英亩(0.405 hm²)温室将接收 1 000 GPM(379 L/min)的流量,这些流量通过 0.75 in(19.1 mm)内径的管道嵌入地板中,间距为 10 in(254 mm),每个管道的最大流量约为 2.9 GPM(10.98 L/min),流速为 2.1 ft/s(0.64 m/s)。每个温室设有一个旁路,这样可以根据需要减少流经温室的流量,避免过热。表 15.2 给出了每年温室的耗热量。

表 15.2 每年温室的耗热量

环境 温度/℃	每年 小时数/h	温室 1 温度/℃	温室 1 热负荷/kJ	温室 2 温度/℃	温室 2 热负荷/kJ
18.3	106	28.0	1.03×10^8	27.6	9.86×10^7
15.6	147	25.7	1.48×10^8	25.3	1.38×10^8
12.8	372	23.3	3.92×10^8	22.9	3.82×10^8

表 15.2(续)

环境 温度/℃	每年 小时数/h	温室 1 温度/℃	温室 1 热负荷/kJ	温室 2 温度/℃	温室 2 热负荷/kJ
10.0	240	21.0	2.65×10^8	20.6	2.54×10^8
7.2	320	18.7	3.60×10^8	18.2	3.50×10^8
4.4	405	16.3	4.77×10^8	15.8	4.66×10^8
1.7	529	14.0	6.47×10^8	13.6	6.25×10^8
−1.1	428	11.7	5.41×10^8	11.2	5.19×10^8
−3.9	272	9.3	3.60×10^8	8.8	3.50×10^8
−6.7	8	6.9	2.44×10^7	6.4	2.33×10^7
−9.4	11	4.7	1.59×10^7	4.2	1.48×10^7
−12.2	86	2.3	1.27×10^8	1.8	1.17×10^8
−15.0	30	−0.1	5.51×10^7	−0.6	5.30×10^7
−17.8	10	−2.4	1.48×10^7	−2.9	1.48×10^7
−20.6	2	−4.7	3.18×10^6	−5.3	3.07×10^6
总计			3.53×10^9		3.41×10^9

当然,在较温暖的月份,温室需要冷却而不是加热。分析中假设当环境温度超过 65 ℉ (18.3℃)时停止加热。每个温室需要向高压废热管道提供蒸发用冷却用水,才能在循环水返回时避免残余温度过高。

根据上述估算,从循环水到每英亩(0.405 hm²)温室的热量大约为 3.3×10^9 Btu/a(约 3.5×10^{12} J),见表 15.2。

2011 年,将 378.54 m³/min 循环水送返废热利用园区的估计资本成本约为 2 800 万美元,这还不包括温室改装的成本。以 5% 的利息偿还债券所需的利息金额为 220 万美元或 11 000 美元/英亩,再加上用于建造将循环水送回冷却塔所需的管道和泵站。将循环水送回冷却塔所需的额外 4 500 美元/(英亩·年)的电力消耗。根据表 15.2,向温室提供废热的年度运营成本为 4.74 美元/MBtu(4.472 美元/吉焦耳)。2011 年天然气的平均成本约为 7.00 美元/MBtu(6.604 美元/吉焦耳),而且该成本还在下降。

图 15.6 给出了美国农业部公布的 2000—2012 年罗非鱼和鲶鱼的平均价格。美国农业部在 2006 年停止水产养殖,同时停止公布进口罗非鱼的价格。2011 年底,美国养殖的罗非鱼的价格约为 2.50~2.75 美元/磅[11]。由于饲料价格高导致产品短缺,2011 年鲶鱼价格大幅飙升,并由此导致产能损失。预计随着生产商继续保持盈利,这种情况将持续下去。关于高密度循环流水养殖设施是否会养殖鲶鱼或罗非鱼的决定超出了本次调查的范围。然而,为了进行经济分析,假设每磅活鱼的出厂价格为 1.90 美元/磅。

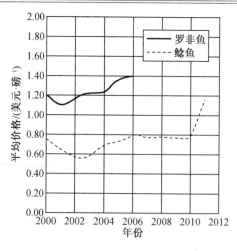

图 15.6　2000—2012 年罗非鱼和鲶鱼的平均价格（由 ASME 提供）

2010 年鱼饲料成本平均为 353 美元/吨,2011 年略高[6]。在本次调查中,假设饲料价格为 400 美元/吨。对于鲶鱼和罗非鱼,饲料约占总生产成本的 50%[6-7]。因此,所有能够优化饲料与鱼重比例的饲养方案都是可取的。虽然最佳生长水温范围为 27.8 ~ 30 ℃[13],但除水温以外的因素也会影响饲料产出比。如果循环流水养殖系统设施全年运行,假定年平均饲料产出比约为 1.8:1[13-14]。

表 15.3 给出了拟建废热利用园区中高密度循环流水养殖设施的估计净收入。净收入甚至无法偿还安装废热利用管道的 2 800 万美元债务。

表 15.3　废热养鱼的经济性分析

项目	金额
活鱼价格	1.90 美元/磅
饲料成本	0.36 美元/磅
劳工成本	0.16 美元/磅
鱼苗成本	0.10 美元/磅
公用支出与燃料	0.03 美元/磅
生产总成本	0.79 美元/磅
净收入	1.11 美元/磅
年净收入	190 万美元

废热利用园区的一个潜在优势是可以降低冷却塔的热负荷,从而降低返回主凝汽器的循环水温度。循环水入口温度越低,主凝汽器压力越低,电输出越大(参见 6.1 节)。然而,无论是温室还是水产养殖设施,都没有有效冷却循环水。通过两个温室串联的每个温室仅能够将循环水的温度下降约 2.0 ℉(1.1 ℃),仅有约 1 英亩的水面暴露在大气中,水产养殖设施对其冷却更少。即使有一个最佳的生长温度,高密度循环流水养鱼设施的规模也会受

到水中溶解氧、鱼粪中氨的积累浓度的限制。然而,除了满足水产养殖设施全年在最佳温度下运行的需求外,高密度循环流水养殖设施不需要额外补充通风。并且由于循环水量很大,氨的累积不会导致其他问题。

15.7　废热利用园区新设计

一个成功的商业废热利用园区必须解决电力公司和废热能源用户的经济问题,以便双方都从经济上受益。2012 年,Bowman[15] 提出了一项新的园区合作方案,通过用户分担废热输送系统的成本,为废热用户提供可观的收益,并通过降低返回主凝汽器的循环水的温度,从而提高透平循环的效率,为发电站提供可观的收益电输出。

图 15.7 给出了废热利用园区设计概念图。循环水的一部分从进入冷却塔的循环水管道中抽出,并通过该点循环水管道中的残余压力输送至泵站。在泵站,循环水将通过废热管道系统泵送至两级温室,并在进入高密度循环流水养殖设备之前通过定向喷淋池(参见第 13 章)进行进一步的冷却。从养殖设施排出的循环水,通过重力沉淀池后,送回冷却塔水池。

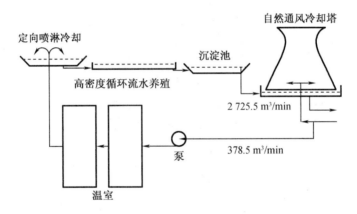

图 15.7　废热利用园区设计概念图(由 ASME 提供)

图 15.7 所示的自然通风冷却塔实际上是两台机组,每台机组设计循环水流量410 000 gal/min(1 552.0 m³/min),其中有 50 000 gal/min(189.3 m³/min)被抽出到废热利用园区。

图 15.8 给出了进入和离开温室的循环水月平均温度,以及第二个温室生长区的温度。

图 15.9 所示为废热园区导致的主凝汽器循环水入口温度变化。尽管离开喷淋池或养殖水域的温度高于不使用废热园区时冷却塔出口的水温,但使用废热园区的同时减少了自然通风冷却塔上的水负荷,会使来自自然通风冷却塔的冷水温度平均降低约 1 ℃。将来自冷却塔与园区的循环水混合后,进入主凝汽器的循环水温度平均降低 0.7 ℃。由此产生的低压透平背压降低,会多增加 1.5 MW 的电力输出。

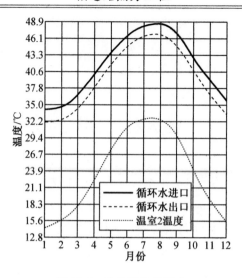

图 15.8　废热温室的温度

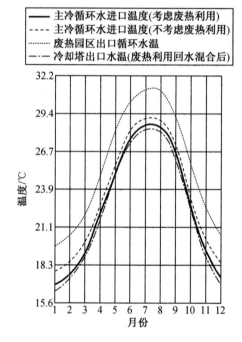

图 15.9　废热园区导致的主凝汽器循环水入口温度变化

在 15.6 节的基础上重新讨论废热利用的经济性,增加定向喷淋冷却、高密度循环流水养殖设施、沉淀池等设施,将使废热园区的成本增加到 3 800 万美元。这项投资将需要每年 300 万美元或每英亩 1.52 万美元的收入,才能够在 20 年内以 5% 的利率偿还债务。输送废热循环水所需要的额外泵功率,被多产生的电力输出所抵消。如表 15.3 所示,养殖设施每年 190 万美元利润可用于支付这些费用。表 15.4 给出了温室是不串联/串联养殖设备的经济性比较。

表 15.4　温室不串联/串联养殖设备的经济性比较

项目	不串联养殖设备	串联养殖设备
债务/(美元·英亩·年$^{-1}$)	11 045	15 200
泵消耗/(美元·英亩·年$^{-1}$)	4 500	4 500
养殖利润/(美元·年$^{-1}$)		9 650
净消耗成本/(美元·年$^{-1}$)	15 545	10 050
能量消耗/(Btu·年$^{-1}$)	3 280	3 280
能源价格/(美元·Btu^{-1})	4.74	3.07

　　从表 15.4 可以看出,增加一个定向喷淋冷却池和一个与温室串联的高密度流水养殖设施,能够将废热成本降低到没有这些设施时的 2/3 左右。

　　表 15.4 所示的废热园区经济分析仅限于与废热利用相关的直接效益和与提供该资源相关的增量成本,并没有考虑诸如道路和公用事业、增加就业机会和增加税基等方面。预计年净收入也不包括核电站的预计收益,以及其他收入或支出,如拟议的 200 英亩(80 937 m^2)温室地板的债务偿还,这比传统的混凝土地板更贵。它只包括了节省的燃料费用,并不包括温室生产获得的利润。之所以采用这种对比方法,是因为存在许多不同类型的温室,且各自的经济参数指标不同,温室仅在利用能源获取温度上是一致的。事实上,温室所设想的对废热的消耗性利用只是一种可能的应用,其他可能包括猪产仔、肉鸡养殖、木材干燥、皮革鞣制和乙醇生产等。高密度循环流水养殖设施的成本和效益包括在分析内,因为它非常简单,而且如果没有可用的余热,它根本就不可行。

　　如图 15.7 所示,多个废热用户串联的废热利用园区与传统布置相比具有显著的经济优势。在传统布置中,不考虑每个废热用户所用热的性质、温度区间,所有用户并联运行,都消耗一部分可用余热管道和泵的容量。在这种情况下,经济效益将大大降低。本章提出的利用废热的新概念,通过用户的串联显著降低了输送废热的成本,并通过降低低压透平背压,从而提高循环的效率和电力输出,为公用事业提供了显著的效益。本章基于所假设的参数,明确论证了所提出的废热园区概念的技术和经济可行性。

15.8　本 章 算 例

　　确定 Watts Bar 核电站 1 月份用废热加热 1 英亩温室所节省的平均能源量。

　　假设月平均环境湿球温度为 1.72 ℃,当相对湿度为 76% 时,环境空气温度为 3.22 ℃。当循环水通过多压力主凝汽器时,其温度升高 20.8 ℃。根据第 14 章讨论的自然通风冷却塔性能,离开核电站进入温室的循环水温度为 40.33 ℃。温室接收 0.063 m^3/s 的循环水(参见 15.6 节)。温室设有通隔热墙,热量损失很小。屋顶为玻璃,导热系数为 6.81 J/(s·m^2·℃),循环水穿过地板的管道,地板的导热系数为 4.15 J/(s·m^2·℃)。

　　该求解过程是迭代的。假设温室内的平均温度(T_{GH}),计算通过屋顶的热量损失和地

板增加的热量,直到这两个值相等,如下所示:

首先假定温室温度 T_{GH} 为 17.0 ℃:

$$Q_{glass} = U_{glass}(T_{GH} - t_{amb})A = 6.81 \times (17 - 3.22) \times 4\,046.9 \approx 379\,769\,(W/英亩)$$

$$\Delta t_{CCW} = \frac{Q_{glass}}{\rho_{CCW}G_{CCW}c_{p-CCW}} = \frac{379\,769}{992.1 \times 0.063 \times 4\,178.6} \approx 1.454\,(℃)$$

$$t_{CCW-out} = t_{CCW-in} - \Delta t_{CCW} = 40.33 - 1.454 = 38.876\,(℃)$$

$$t_{CCW-ave} = \frac{t_{CCW-in} + t_{CCW-out}}{2} = \frac{38.876 + 40.33}{2} = 39.603\,(℃)$$

$$Q_{floor} = U_{floor}(t_{CCW-ave} - T_{GH})A = 4.15 \times (39.603 - 17) \times 4\,046.9 \approx 379\,609\,(W/英亩)$$

如果差异较大,则调整 T_{GH} 值,直至两数据较为接近。最终迭代结果为 1 英亩温室大约能够节约 379 650 W 的热功率。

本章参考文献

[1] Bowman, C. F. and R. E. Taylor, Design of the Proposed Watts Bar Waste Heat Park, *Proceedings of the Waste Heat Utilization and Management Conference*, Miami Beach, FL, Hemisphere Publishing Corp. , 1983.

[2] Dayton Herald, March 25, 1982.

[3] Roberts, W. J. and D. R. Mears, Floor Heating of Greenhouses, ASAE Paper No. 80-4027, American Society of Agricultural Engineers, St. Joseph, Michigan, 1980.

[4] Both, A. J, et al. , Evaluating Energy Savings Strategies Using Heat Pumps and Energy Storage for Greenhouses, Paper No. 074011, American Society of Agricultural and Biological Engineers, St. Joseph, Michigan, 2007.

[5] Manning, T. O. , et al. , Feasibility of Waste Heat Utilization in Greenhouses, ASAE Paper No. 80-401, American Society of Agricultural Engineers, St. Joseph, Michigan, 1980.

[6] Hanson, T. and D. Sites, U. S. Farm-Raised Catish Industry, 2009 Review and 2010 Outlook, Auburn University, 2009.

[7] Fitzsimmons, K. , Development of New Products and Markets for the Global Tilapia Trade, *Proceedings of the Sixth International Symposium on Tilapia in Aquaculture*, Manila, Philippines, September 12-16, 2004.

[8] Kohler, C. C. , A White Paper on the Status and Needs of Tilapia Aquaculture in the North Central Region, North Central Region Aquaculture Center, 2004.

[9] Sell, R. , Tilapia, North Dakota State University, 2005.

[10] Rakocy, J E. , Tank Culture of Tilapia, Southern Regional Aquaculture Center Publication No. 282, Texas Agricultural Extension Service, The Texas A&M University, 1989.

[11] Fitzsimmons, K. , Personal communication, University of Arizona, December 9, 2011.

[12] Soderberg, R. A. , Tilapia Culture in Flowing Water, Mansfield University, 1990.

[13] Goss, L. B. , et al, Utilization of Waste Heat from Power Plants for Aquaculture, Gallatin Catfish Project, 1973 Annual Report, Power Research Staff, Tennessee Valley Authority, 1973.

[14] Adams, C. and A. Lazur, A Preliminary Assessment of the Cost and Earnings of Commercial, Small-Scale, Outdoor Pond Culture of Tilapia in Florida, FE 210, Department of Food and Resource Economics, Florida Cooperative Extension Service, Institute of Food and Agricultural Sciences, University of Florida, October 2000.

[15] Bowman, C. F, Electric Power Plant Waste Heat Utilization, *Proceedings of the ASME 2012 Summer Heat Transfer Conference*, 2012.

第16章 换热器分析与测试

16.1 核电站中换热器的种类

本章所述的换热器都是表面式换热器,即冷热流体由固体间隔分开、冷热流体并不混合的换热器。核电站采用了各种各样的专用换热器,如汽水分离再热器(第4章)、主凝汽器(第6章)和给水加热器(第7章)等。本章致力于设计和测试更常见的管壳式换热器,并用于核电站余热排出、部件冷却、油冷却等应用。

16.2 能量守恒

图16.1给出了换热器的基本能量流动过程。

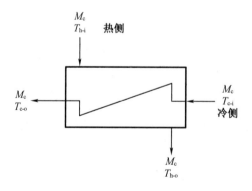

M_h——热侧流量;M_c——冷侧流量;T_{h-i}——热侧进口温度;T_{h-o}——热侧出口温度;

T_{c-i}——冷侧进口温度;T_{c-o}——冷侧出口温度。

图16.1 换热器的基本能量流动过程

遵循能量守恒定律:

$$m_h h_{h-i} + m_c h_{c-i} = m_h h_{h-o} + m_c h_{c-o} \tag{16.1}$$

$$Q = m_h (h_{h-i} - h_{h-o}) = m_c (h_{c-o} - h_{c-i}) \tag{16.2}$$

$$Q = m_h c_{p-h} (T_{h-i} - T_{h-o}) = m_c c_{p-c} (t_{c-o} - t_{c-i}) \tag{16.3}$$

式中　c_{p-h}——热侧工质比定压热容；

　　　c_{p-c}——冷侧工质比定压热容；

　　　h_{h-i}——热侧工质进口比焓；

　　　h_{h-o}——热侧工质出口比焓；

　　　h_{c-i}——冷侧工质进口比焓；

　　　h_{c-o}——冷侧工质出口比焓；

　　　Q——换热量。

$$\Delta h = c_p \Delta T \tag{16.4}$$

冷热工质流量、进出口温度 6 个变量，已知任意 5 个可以算出剩余的 1 个，如

$$m_h = \frac{m_c c_{p-c}(t_{c-o} - t_{c-i})}{c_{p-h}(T_{h-i} - T_{h-o})} \tag{16.5}$$

16.3　换热器分析的平均对数温差法

确定换热器传热性能的最古老和最常用的分析方法是对数平均温差法，定义如下：

$$Q = UA_h F \cdot \text{LMTD} \tag{16.6}$$

式中　U——总传热系数；

　　　A_h——对应总传热系数的换热面积；

　　　F——LMTD 修正系数；

　　　LMTD——对数平均温差。

公认的做法是取热侧（壳侧）有效换热面积 A_h 作为换热器参考表面积，即

$$A_h = N_{tubes} N_{pass} \pi d_o l_{eff} \tag{16.7}$$

式中　N_{tubes}——管根数；

　　　N_{pass}——流程数；

　　　d_o——管外径；

　　　l_{eff}——有效换热长度。

对数平均温差修正系数 F 是换热器类型的函数。对于单壳程/单管程逆流布置，$F = 1$。对于其他逆流换热器，同样有 $F = 1$（参见第 17 章和第 18 章）。F 值可根据流动形式在公开文献中查阅。文献[1]中的附录 D 给出了多个管程换热器的 F 值曲线图，其中所用的热侧与冷侧温度变化比 R 和换热器效率 P 的定义如下：

$$R = \frac{T_{h-i} - T_{h-o}}{t_{c-o} - t_{c-i}} \tag{16.8}$$

$$P = \frac{t_{c-o} - t_{c-i}}{T_{h-i} - T_{h-o}} \tag{16.9}$$

逆流换热器的对数温差算法为

$$\text{LMTD} = \frac{\Delta t_1 - \Delta t_2}{\ln \dfrac{\Delta t_1}{\Delta t_2}} \tag{16.10}$$

$$\Delta t_1 = T_{h-i} - t_{c-o} \qquad (16.11)$$

$$\Delta t_2 = T_{h-o} - t_{c-i} \qquad (16.12)$$

从上面的方程可以看出,由于 Q 和 LMTD 都是温度的函数,用对数平均温差法设计换热器的计算需要迭代。

16.4 换热器效率分析方法和有效平均温差分析方法

为了解除对校正因子 F 的依赖,工程师们开发了利用 P、R 和 NTU 之间的关联式替代对数平均温差的换热器性能分析方法。在大量的基础换热器、复杂换热器的额定工况测试、不确定度分析中,有两种方法被证明具有实用价值:效率分析方法和有效平均温差(EMTD)方法(见文献[2-5])。这两种方法均基于冷侧参考表示的 P、R 和 NTU 的关系:

$$P = \frac{Q}{m_c c_{p-c}(T_{h-i} - t_{c-i})} \qquad (16.13)$$

$$R = \frac{m_c c_{p-c}}{m_h c_{p-h}} \qquad (16.14)$$

$$NTU = \frac{UA_h}{m_c c_{p-c}} \qquad (16.15)$$

许多标准采用了清晰明确的利用 R 和 NTU 来表示 P 的显式关系,如文献[6-7]所示。

效率分析方法的基础是使用式(16.13)将 Q 表示为 P 的函数:

$$Q = P m_c c_{p-c}(T_{h-i} - t_{c-i}) \qquad (16.16)$$

对于额定工况,该方程可与输入端的 R 和 NTU 耦合,不必进行 Q 和两个未指定的终端温度的迭代计算。当需要细化考虑与温度相关的流体物性时,则需进行迭代计算。效率分析方法也适用于换热器的测试过程,其中也会涉及迭代计算。

有效平均温差方法基于式(16.3)和式(16.15),用 Q 表示 NTU:

$$NTU = \frac{UA_h(t_{c-o} - t_{c-i})}{Q} \qquad (16.17)$$

与 $F \cdot$ LMTD 类似,定义有效平均温差为

$$Q = UA_h F \cdot EMTD \qquad (16.18)$$

可得

$$EMTD = \frac{t_{c-o} - t_{c-i}}{NTU} \qquad (16.19)$$

式(16.13)中的 P 和式(16.14)中的 R 通过 Q 与式(16.8)和式(16.9)相关联。

也可以将该关系式与式(16.9)结合起来,用 P 表示有效平均温差,即

$$EMTD = \frac{P(T_{h-i} - t_{c-i})}{NTU} \qquad (16.20)$$

式(16.19)通常用于快速评估额定工况下的 U 值,无须迭代;式(16.20)可用于精细化的高标准运算,通常需要迭代。

根据 P - R - NTU - Q 关系的稳定性,当需要迭代时,效率分析方法和有效温差计算方法会导致迭代具有收敛性。

16.5 总传热系数的确定

总传热系数 U 可表示为传热热阻之和的倒数,即

$$\frac{1}{U} = r_h + r_{f-h} + \frac{A_h}{A_w}r_w + \frac{A_h}{A_c}r_{f-c} + \frac{A_h}{A_c}r_c \tag{16.21}$$

式中 r_h——管外对流热阻,$r_h = 1/h_h$,其中 h_h 为热侧换热系数;

$r_{f,h}$——管外污垢热阻;

r_w——按对流换热形式描述的管壁导热热阻,见 16.6 节;

$r_{f,c}$——管内污垢热阻;

r_c——管内对流热阻,$r_c = 1/h_c$,其中 h_c 为冷侧换热系数;

A_w——按对流换热形式描述的导热热阻折算管道换热面积,见 16.6 节。

将式(16.21)写成冷热两侧换热系数的形式,即

$$U = \cfrac{1}{\cfrac{1}{h_h} + r_{f-h} + \cfrac{A_h}{A_w}r_w + \cfrac{A_h}{A_c}r_{f-c} + \cfrac{A_h}{A_w}\cfrac{1}{h_c}} \tag{16.22}$$

冷侧对流系数是努赛尔数的函数,即

$$h_c = Nu \cdot \frac{\kappa_c}{d_i} \tag{16.23}$$

式中 d_h——管道内径;

κ_c——管侧水导热系数。

文献[1]中的附录 F 记载了几种用于完全紊流条件下的努赛尔数计算方法。经 Sieder 和 Tate[9] 修正的经典 Colburn[8] 方程如下,其中最末项常被忽略:

$$Nu = 0.023Re_f^{0.8}Pr_f^{1/3}\frac{\mu_f}{\mu_w}^{0.14} \tag{16.24}$$

式中 Re_f——管侧雷诺数,$Re_f = \rho v_f d_i/\mu_f$;

Pr_f——管侧普朗特数,$Pr_f = c_{p-f}\mu_f/k_f$;

ρ——管侧工质密度;

μ_f——管侧工质平均动力黏度;

μ_w——管壁温度下工质的动力黏度;

v_f——管内流速。

Petukhov 模型是努赛尔数的一个更现代、更精确的方程,即

$$Nu = \cfrac{\cfrac{f}{2}Re_fPr_f}{1.07 + 12.7\cfrac{f}{2}^{1/2}\left(Pr_f^{2/3} - 1\right)} \tag{16.25}$$

$$f = \frac{1}{(1.58\ln Re_{\mathrm{f}} - 3.28)^2} \tag{16.26}$$

尽管式(16.24)不具有很高的精确度,也仍被广泛应用。

热侧对流系数 h_{h} 的计算则不存在类似的直接方法,因为它是换热器壳体几何形状的复杂函数,包括换热器的类型和管道间距、通过管板的泄漏等。制造商通常认为这些数据是针对某一换热器所专有的。在公开文献中估计这一数值的方法是 Delaware 方法,该方法因 Delaware 大学的 Kenneth J. Bell 博士和其他学者对这一课题进行的开创性研究而得名。执行该计算的程序可在文献[1]的附录 C 中找到。

如果有制造商的换热器参数表,计算 h_{h} 的最直接方法如下:

$$h_{\mathrm{h-design}} \frac{1}{\dfrac{1}{U} - r_{\mathrm{f-h}} - \dfrac{A_{\mathrm{h}}}{A_{\mathrm{w}}} r_{\mathrm{w}} - \dfrac{A_{\mathrm{h}}}{A_{\mathrm{c}}} r_{\mathrm{f,c}} - \dfrac{A_{\mathrm{h}}}{A_{\mathrm{w}}} \dfrac{1}{h_{\mathrm{c}}}} \tag{16.27}$$

根据制造商提供的参数表,F 已知,U 的计算方法为

$$U = \frac{Q}{A_{\mathrm{h}} F \cdot \mathrm{LMTD}} \tag{16.28}$$

$h_{\mathrm{h-design}}$ 的结果值将根据制造商的 U 值和式(16.24)、式(16.25)的变化而变化。

16.6　管壁面积与热阻的确定

管壁的面积与热阻分别为

$$A_{\mathrm{w}} = \frac{A_{\mathrm{o}} - A_{\mathrm{i}}}{\ln \dfrac{A_{\mathrm{o}}}{A_{\mathrm{i}}}} \tag{16.29}$$

$$r_{\mathrm{w}} = \frac{d_{\mathrm{o}} - d_{\mathrm{i}}}{2\kappa_{\mathrm{t}}} \tag{16.30}$$

式中　d_{o}——传热管外径;

　　　d_{i}——传热管内径;

　　　κ_{t}——传热管金属导热系数。

16.7　通过试验确定污垢参数

在设计管壳式换热器时,设计人员必须为管内外的预期污垢进行定量评估。在核电站中,换热器能否以额定工况运行,通常取决于试验确定的污垢参数是否大于或小于假定的设计值。由于无法通过试验确定污垢是位于管内还是管外,因此只能确定总污垢参数。

$$r_{\mathrm{f}} = r_{\mathrm{f-h}} + \frac{A_{\mathrm{h}}}{A_{\mathrm{c}}} r_{\mathrm{f-c}} \tag{16.31}$$

r_f 可以通过试验确定。污垢是由于某些因素(如换热器的内部损坏、制造误差等)出现的阻碍换热的结垢。r_f 定义为

$$r_f = \frac{1}{U_{\text{test}}} - \frac{1}{U_{\text{clean}}} \tag{16.32}$$

$$U_{\text{test}} = \frac{Q_{\text{test}}}{A_h F \cdot \text{LMTD}_{\text{test}}} \tag{16.33}$$

$$U_{\text{clean}} = \frac{1}{h_{h\text{-design}}} + \frac{A_h}{A_w} r_w + \frac{A_h}{A_c} \frac{1}{h_{c\text{-design}}} \tag{16.34}$$

可以看出,r_f 的不确定度是 Q_{test} 的函数,Q_{test} 是入口和出口温度、流量、热侧和冷侧对流系数的函数。因此,通过试验测量的污垢不确定度可能相当大。

16.8　确定参考条件下的换热量

由于核电站传热试验的目的是确认换热器在参考或设计基准条件下传递热量的速率,文献[1]的第 5 节建议将参考条件下的传热率 Q^* 而非污垢热阻作为试验验收标准。文献[1]的附录 E 给出了 Q^* 的推导过程:

$$Q^* = \frac{Q_{\text{ave-test}} \cdot \dfrac{\text{EMTD}^*}{\text{EMTD}}}{1 + U_{\text{test}} \left[\left(\dfrac{1}{h_h^*} - \dfrac{1}{h_h} \right) + \dfrac{A_h}{A_c} \left(\dfrac{1}{h_c^*} - \dfrac{1}{h_c} \right) \right] + (r_w^* - r_w)} \tag{16.35}$$

$$Q_{\text{ave-test}} = \frac{u_{Q_h}^2}{u_{Q_c}^2 + u_{Q_h}^2} Q_{\text{c-test}} + \frac{u_{Q_c}^2}{u_{Q_c}^2 + u_{Q_h}^2} Q_{\text{h-test}} \tag{16.36}$$

$$Q_{\text{c-test}} = m_c (h_{c\text{-o}} - h_{c\text{-i}}) \tag{16.37}$$

$$Q_{\text{h-test}} = m_h (h_{h\text{-o}} - h_{h\text{-i}}) \tag{16.38}$$

式中　u_{Q_c}——冷侧换热的不确定度;

　　　u_{Q_h}——热侧换热的不确定度。

从上面的推导过程可以看出,计算设计条件下 $h_{h\text{-design}}$ 的变量通常都可知,但由于热侧的 Re 与 Pr 不同于设计工况,因此必须根据试验计算新的 h_h 值,因为 Re 和 Pr 用于热侧。然而可以不用计算热侧 Re 和 Pr 的数值,采用文献[10]中 Delaware 方法也可以计算基于试验条件下的 h_h。假设 h_h 的实际值是纯错流通过热侧的换热系数的函数:

$$h_h = J_T h_{h\text{-ideal}} \tag{16.39}$$

J_T 是诸如泄漏、旁路等引起的修正系数,对于确定的换热器来说是一个固定的系数:

$$J_T = \left(\frac{h_h}{h_{h\text{-ideal}}} \right)_{\text{design}} = \left(\frac{h_h}{h_{h\text{-ideal}}} \right)_{\text{test}} \tag{16.40}$$

$$(h_h)_{\text{test}} = \left(\frac{h_{h\text{-test}}}{h_{h\text{-design}}} \right)_{\text{ideal}} h_{h\text{-design}} \tag{16.41}$$

Taborek[10] 提出一种计算壳侧传热系数的简单方法:

$$h_h = CRe^m Pr^n \frac{\kappa}{D} \tag{16.42}$$

对于穿过管排的湍流（$Re_h > 200$），其中 $m = 0.6, n = 1/3$。C 值相互抵消，因为它在试验和参考工况下没有变化。

$$h_{h,\text{test}} = \frac{\left[\left(\dfrac{m_h}{\mu_h}\right)^{0.6}\left(\dfrac{\mu_h c_{p-h}}{\kappa_h}\right)^{0.333}\kappa_h\right]_{\text{test}}}{\left[\left(\dfrac{m_h}{\mu_h}\right)^{0.6}\left(\dfrac{\mu_h c_{p-h}}{\kappa_h}\right)^{0.333}\kappa_h\right]_{\text{design}}} h_{h-\text{design}} \tag{16.43}$$

16.9　测试不确定度分析

每次测量都会有误差，导致测量值 X 和真实值之间存在差异。测量值与真值之差即为总不确定度。由于真实值未知，测量中的总不确定度无法准确计算，因此只能进行估计。总测量不确定度由随机误差和系统误差两部分组成。精确的测量要求同时最小化随机误差和系统误差。

随机误差是在重复测量真实值时随机变化的总测量误差的一部分。测量中的总随机误差通常是几个基本随机误差贡献的总和。基本随机误差源包括已知和可控的误差源、可忽略的误差源、未知和必须估计的误差源。随机误差的来源通常限于过程随机变化，该随机变化导致有限次采样的均值与实际值不同。工艺系统随机变化的一个例子是用水量激增。通过增加测量次数可以减小随机误差。因此，随着可以在较短时间内收集大量数据的记录，随机误差已成为测量不确定度中不重要的方面。

系统误差是总测量误差的一部分，在真实值的重复测量中，在同一方向上保持不变。测量中的总系统误差通常是几个基本系统误差贡献的总和。元素的系统误差包括已知的和可以校准的误差、可忽略的误差和未知且必须估计的误差。元素系统误差可能由不完善的校准校正、数据采集系统、数据简化技术和测量方法引起。系统误差的主要类别是仪器偏差和空间偏差。仪器偏差误差是由测量系统组成的仪器中的系统性误差，包括由于校准和安装引起的误差，例如，将热电阻放置在管道外部去测量管道中的温度；空间偏差误差是由于仅测量总参数的有限部分去代表平均值，而测点处于不能代表真实整体平均值的区导致的测量误差。通过增加用于测量相同参数的测试仪器的数量，可以减小空间偏差误差。例如，增加位于管道外表面的热电阻的数量，以检测管道内可能发生的温度分层。

总测试不确定度为

$$u_{\text{overall}} = \sqrt{b_{\text{cal}}^2 + b_{\text{spat-var}} + u_{\text{pv}}^2} \tag{16.44}$$

式中　b_{cal}——仪器偏差；

　　　$b_{\text{spat-var}}$——空间偏差；

　　　u_{pv}——过程偏差。

试验过程中的标准偏差为

$$S_X = \sqrt{\sum_{i=1}^{J} \frac{(X_i - X_{ave})^2}{J-1}} \tag{16.45}$$

式中　J——每个参数的测量次数；

　　　X_i——测量值；

　　　X_{ave}——平均值。

　　空间偏差为

$$b_{spat-var} = t\sqrt{\frac{1}{J}\sum_{i=1}^{J} \frac{(X_{ave} - X_{bulk-ave})^2}{J-1}} \tag{16.46}$$

式中　$X_{bulk-ave}$——流通横截面的整体温度；

　　　t——测点数的 t 检验统计量。

　　过程偏差造成的不确定度为

$$u_{pv} = 2\sqrt{\frac{1}{J}\sum_{i=1}^{J} \frac{S_X^2}{JxN_{pv}}} \tag{16.47}$$

式中　N_{pv}——测量次数。

　　从式（16.47）可以看出，通过使用数据记录器收集数据，可以将过程变化对总体不确定性的贡献的重要性降至最低。这是核电站一致的做法。

16.10　本 章 算 例

　　计算热平衡误差和热平衡误差的不确定度。

　　2005 年，密苏里州 Callaway 核电站的工作人员对其 A 列设备冷却水换热器进行了传热试验。该换热器是一种管壳式换热器，与 Struthers Wells 公司提供的 TEMA R 型设计类似，管侧为双流程。表 16.1 列出了设备冷却水换热器的结构数据。

表 16.1　设备冷却水换热器的结构数据

内容	变量及算法	单位	值
管根数	N_{tubes}	根	4 464
堵管比率	η_{plug}	%	0.0
有效管根数	$N_{active} = N_{tubes}(1 - \eta_{plug})$	根	4 464
流程数	Passes	—	2
有效管长度	L_{eff}	m	11.10
管外径	d_o	m	0.019 1
管壁厚	t	m	0.001 2
管内径	$d_i = d_o - 2t$	m	0.016 7
热侧有效面积	$A_h = \pi d_o L_{eff} N_{tubes}$	m^2	2 965

表 16.1(续)

内容	变量及算法	单位	值
管侧面积	$A_c = (d_i / d_o) A_h$	m^2	2 578
管壁面积	$A_w = (A_h - A_c) \ln(A_h / A_c)$	m^2	2 767
热侧污垢热阻	r_{f-h}	$m^2 \cdot K/W$	0.000 09
管侧污垢热阻	r_{f-c}	$m^2 \cdot K/W$	0.000 35
冷热侧有效面积比	A_h / A_c	—	1.15
管壁金属传热系数	κ_t	$W/(m^2 \cdot K)$	147.63
管壁热阻	$r_w = (d_o - d_i)/(2k_t)$	$m^2 \cdot K/W$	0.000 01

表 16.2 列出了在设计工况下最大冷却模式时的参数。热侧和冷侧流体的特性基于换热器各侧的平均温度,但基于冷/热侧入口和出口温度的密度除外。

表 16.2 设计工况下最大冷却模式时的参数

内容	变量	单位	值
传热功率	Q	kW	22 619
热侧进口温度	T_{h-i}	℃	48.7
热侧出口温度	T_{h-o}	℃	40.6
热侧平均温度	T_h	℃	44.6
热侧导热系数	k_h	$W/(m \cdot K)$	0.634
热侧动力黏度	μ_h	$kg/(m \cdot s)$	0.000 71
热侧比定压热容	c_{p-h}	$kJ/(kg \cdot K)$	4.176
热侧密度	ρ_h	kg/m^3	991
冷侧进口温度	t_{c-i}	℃	35.0
冷侧出口温度	t_{c-o}	℃	41.3
冷侧平均温度	T_c	℃	38.2
冷侧导热系数	κ_c	$W/(m \cdot K)$	0.625
冷侧动力黏度	μ_c	$kg/(m \cdot s)$	0.000 73
冷侧比定压热容	c_{p-c}	$kJ/(kg \cdot K)$	4.176
冷侧密度	ρ_c	kg/m^3	993
冷却水温升	dT_c	℃	6.3
对数平均温差修正系数	F	—	0.945 5
冷侧流量	m_c	kg/s	856
热侧流量	m_h	kg/s	663

表 16.3 计算了在设计条件下,正常运行模式时的总传热系数 U_{design}。

表 16.3　设计条件下正常运行模式时总传热系数 U_{design} 的计算

内容	变量及算法	单位	值
大端差	$\Delta t_1 = T_{h-i} - t_{c-o}$	℃	7.39
小端差	$\Delta t_2 = T_{h-o} - t_{c-i}$	℃	5.56
对数平均温差	$\text{LMTD} = (\Delta t_1 - \Delta t_2)/\ln(\Delta t_1/\Delta t_2)$	℃	6.43
有效平均温差	$\text{EMTD} = F \cdot \text{LMTD}$	℃	6.08
设计总传热系数	$U_{\text{design}} = Q/(A_h \cdot \text{EMTD})$	W/(m²·K)	1 255

管侧对流换热系数可根据表 16.4 所示的 Petukhov 关联式进行计算。

表 16.4　管侧对流换热系数的计算

内容	变量及算法	单位	值
管侧流量	$m_t = \text{Passes}(m_c/N_{\text{tubes}})$	kg/s	0.38
管侧体积流量	$V_t = m_t/\rho_c$	m³/s	0.000 39
管侧流动截面	$a_t = (\pi/4)d_i^2$	m²	0.000 22
管内流速	$v_t = V_t/a_t$	m/s	1.781
普朗特数	$Pr_c = c_{p-c}\mu_c/k_c$	—	4.88
雷诺数	$Re_c = \rho_c v_t d_i/\mu_c$	—	40 458
范宁摩阻系数	$f = (1.58\ln Re_c - 3.28)^{-2}$	—	0.005 50
努赛尔数	$Nu = [(f/2)Re_c Pr_c]/[1.07 + 12.7(f/2)^{0.5}(Pr_c^{2/3} - 1)]$	—	233.55
管侧传热系数	$h_c = Nu(k_c/d_i)$	W/(m²·K)	8 814

热侧对流换热系数为

$$h_{h-\text{design}} = \cfrac{1}{\cfrac{1}{U_{\text{design}}} - r_{f-h} - \cfrac{A_h}{A_w}r_w - \cfrac{A_h}{A_c}r_{f-c} - \cfrac{A_h}{A_c} \cdot \cfrac{1}{h_c}} = 6\ 069\ \text{W/(m}^2 \cdot ℃)$$

表 16.5 给出了设备冷却水换热器的测试结果。

表 16.5　设备冷却水换热器测试结果

内容	变量	单位	值
热侧流量	g_h	L/s	800
热侧进口温度	T_{h-i}	℃	33.8
热侧出口温度	T_{h-o}	℃	25.6
热侧平均温度	T_h	℃	29.7
热侧导热系数	κ_h	W/(m·K)	0.613
热侧动力黏度	μ_h	kg/(m·s)	0.000 82

表 16.5(续)

内容	变量	单位	值
热侧比定压热容	c_{p-h}	kJ/(kg·K)	4.178
热侧密度	ρ_h	kg/m³	994
热侧质量流量	$m_h = g_h\rho_h/1000$	kg/s	795
冷侧流量	g_c	L/s	558
冷侧进口温度	t_{c-i}	℃	19.3
冷侧出口温度	t_{c-o}	℃	29.7
冷侧平均温度	T_c	℃	24.5
冷侧导热系数	k_c	W/(m·K)	0.604
冷侧动力黏度	μ_c	kg/(m·s)	0.000 92
冷侧比定压热容	c_{p-c}	kJ/(kg·K)	4.181
冷侧密度	ρ_c	kg/m³	998
冷侧质量流量	$m_c = g_c\rho_c/1000$	kg/s	557
大端差	$\Delta t_1 = T_{h-i} - t_{c-o}$	℃	4.07
小端差	$\Delta t_2 = T_{h-o} - t_{c-i}$	℃	6.31
对数平均温差	$\text{LMTD} = (\Delta t_1 - \Delta t_2)/\ln(\Delta t_1/\Delta t_2)$	℃	5.11
温差比	$R = (T_{h-i} - T_{h-o})/(t_{c-o} - t_{c-i})$	—	0.78
传热效率	$P = (t_{c-o} - t_{c-i})/(T_{h-i} - t_{c-o})$	—	0.72
对数平均温差修正系数	F	—	0.840
有效平均温差	$\text{EMTD} = F \cdot \text{LMTD}$	℃	4.29
测试热侧传热量	$Q_{h-\text{test},h} = m_h c_{p-h}(T_{h-i} - T_{h-o})$	kW	27 225
测试冷侧传热量	$Q_{c-\text{test},c} = m_c c_{p-c}(t_{c-o} - t_{c-i})$	kW	24 321
平均传热量	$Q_{\text{test}} = (Q_{h-\text{test}} + Q_{c-\text{test}})/2$	kW	25 773
总传热系数	$U_{\text{test}} = Q_{\text{test}}/(A_h \cdot \text{EMTD})$	W/(m²·K)	2 026
单管质量流量	$m_t = m_c \text{Passes}/N_{\text{tubes}}$	kg/s	0.25
单管体积流量	$V_t = m_t/\rho_c$	m³/s	0.000 25
管内流速	$v_t = V_t/a_t$	m/s	1.161
普朗特数	$Pr_c = c_{p-c}\mu_c/k_c$	—	6.33
雷诺数	$Re_c = \rho_c v_t d_i/\mu_c$	—	21 033
范宁摩阻系数	$f = (1.58\ln Re_c - 3.28)^{-2}$	—	0.006 46
努赛尔数	$Nu = [(f/2) Re_c Pr_c]/[1.07 + 12.7(f/2)^{0.5}(Pr_c^{2/3} - 1)]$	—	152.59
管侧换热系数	$h_c = Nu(k_c/d_i)$	W/(m²·K)	5 549
热侧流量	$m_h = m_c(c_{p-c}/c_{p-h})(t_{c-o} - t_{c-i})/(T_{h-i} - T_{h-o})$	L/s	710

表 16.5（续）

内容	变量	单位	值
热侧传热系数	$h_{h-test} = \dfrac{h_{h-design}\left[\left(m_h/\mu_h\right)^{0.6}\left(\mu_h c_{p-h}/k_h\right)^{0.333}\kappa_h\right]_{test}}{\left[\left(m_h/\mu_h\right)^{0.6}\left(\mu_h c_{p-h}/k_h\right)^{0.333}\kappa_h\right]_{design}}$	$W/(m^2\cdot K)$	5 968
总热阻（热侧，下同）	$r = 1/U_{test}$	$m^2\cdot K/W$	0.000 523
热侧对流热阻	$r_h = 1/(\eta_h h_h)$	$m^2\cdot K/W$	0.000 168
管壁导热热阻	$r_w = (A_h/A_w)(d_o - d_i)/(2k_t)$	$m^2\cdot K/W$	0.000 009
冷侧对流热阻	$r_c = (A_h/A_c)h_c$	$m^2\cdot K/W$	0.000 207
热侧污垢热阻	$r_{f-h-test} = \dfrac{1}{\left[(1/U_{test}) - (1/h_{h-test}) - (A_h/A_w)r_w - (A_h/A_c)(1/h_{c-test})\right]}$	$m^2\cdot K/W$	0.000 139
冷侧污垢热阻	$r_{f-c} = (A_c/A_h)r_{f-h}$	$m^2\cdot K/W$	0.000 044

从表 16.5 可知，通过试验测得的总污垢热阻仅约为设计值的 20%。

不确定度分析参考 16.9 节。表 16.6 所示为每个温度测量仪器的个数以及相应的 t 检验统计量。

表 16.6　每个温度测量仪器的个数以及相应的 t 检验统计量

内容	符号	值
温度测点数	N_t	31
t 检验统计量	t	2
厂用水进口电阻温度测点数	J_f	4
t 检验统计量	t	3.182
厂用水出口电阻温度测点数	J_f	8
t 检验统计量	t	2.306
设备冷却水换热器进口电阻温度测点数	J_f	4
t 检验统计量	t	3.182
设备冷却水换热器出口电阻温度测点数	J_f	8
t 检验统计量	t	2.306

表 16.7 所示为温度测点的标准偏差及不确定度。其中表号为文献[1]中附录 K 的表号。

表 16.7　温度测点的标准偏差及不确定度

内容	符号	值				单位
校准偏差	b_{cal}	0.111				℃
安装偏差（估计）	$b_{install}$	0.028				℃

表 16.7(续)

表1　平均 t_i		X	S_x	$b_{spat,var}$	S_{pv}	
厂用水进口温度(顶部)	t_{i-0}	19.4	0.031	0.000 2	0.000 02	℃
厂用水进口温度(右侧)	t_{i-90}	19.2	0.033	0.000 3	0.000 02	℃
厂用水进口温度(底部)	t_{i-180}	19.2	0.015	0.000 1	0.000 00	℃
厂用水进口温度(左侧)	t_{i-270}	19.3	0.014	0.000 0	0.000 00	℃
平均	Ave	19.3			0.000 04	℃
	$b_{spat\,var-t_i}$			0.04		℃
	u_{pv}				0.013	℃
表2　平均 T_i		X	S_x	$b_{spat-var}$	S_{pv}	
热侧进口温度(顶部)	T_{i-0}	33.7	0.040	0.000 4	0.000 03	℃
热侧进口温度(右侧)	T_{i-90}	33.9	0.024	0.000 1	0.000 01	℃
热侧进口温度(底部)	T_{i-180}	33.8	0.011	0.000 0	0.000 00	℃
热侧进口温度(左侧)	T_{i-270}	33.8	0.005	0.000 0	0.000 00	℃
	Ave	33.81			0.000 04	℃
	$b_{spat\,var-T_i}$			0.04		℃
	u_{pv}				0.012	℃
表3　平均 t_o		X	S_x	$b_{spat-var}$	S_{pv}	
厂用水出口温度(顶部)	t_{o-0}	29.7	0.020	0.000 1	0.000 00	℃
厂用水出口温度(顶部右侧)	t_{o-45}	29.8	0.022	0.000 1	0.000 00	℃
厂用水出口温度(右侧)	t_{o-90}	29.7	0.003	0.000 0	0.000 00	℃
厂用水出口温度(底部右侧)	t_{o-135}	29.7	0.005	0.000 0	0.000 00	℃
厂用水出口温度(底部)	t_{o-180}	29.7	0.001	0.000 0	0.000 00	℃
厂用水出口温度(底部左侧)	t_{o-225}	29.6	0.045	0.000 6	0.000 02	℃
厂用水出口温度(左侧)	t_{o-270}	29.8	0.043	0.000 5	0.000 02	℃
厂用水出口温度(顶部左侧)	t_{o-315}	29.7	0.003	0.000 0	0.000 00	℃
	Ave	29.73			0.000 04	℃
	$b_{spat\,var-t_o}$			0.03		℃
	u_{pv}				0.013	℃
表4　平均 T_o		X	S_x	$b_{spat-var}$	S_{pv}	
热侧出口温度(顶部)	T_{o-0}	25.6	0.019	0.000 1	0.000 00	℃
热侧出口温度(顶部右侧)	T_{o-45}	25.7	0.018	0.000 1	0.000 00	℃
热侧出口温度(右侧)	T_{o-90}	25.6	0.009	0.000 0	0.000 00	℃
热侧出口温度(底部右侧)	T_{o-135}	25.6	0.010	0.000 0	0.000 00	℃
热侧出口温度(底部)	T_{o-180}	25.7	0.023	0.000 1	0.000 00	℃
热侧出口温度(底部左侧)	T_{o-225}	25.6	0.022	0.000 1	0.000 00	℃

表 16.7（续）

热侧出口温度（左侧）	T_{o-270}	25.6	0.002	0.000 0	0.000 00	℃
热侧出口温度（顶部左侧）	T_{o-315}	25.6	0.003	0.000 0	0.000 00	℃
	Ave	25.61			0.000 02	℃
	$b_{\text{spat var}-T_o}$			0.02		℃
	u_{pv}				0.008	℃
表6　平均温度测量		平均温度		$b_{\text{spat-var}}$		
厂用水进口温度	t_i	19.3		0.040		℃
厂用水出口温度	t_o	33.8		0.031		℃
热侧进口温度	T_i	29.7		0.038		℃
热侧出口温度	T_o	25.6	0.019			℃
表7　温度测量的过程不确定度						
厂用水进口温度	u_{pv,t_i}	0.013				℃
厂用水出口温度	u_{pv,t_o}	0.013				℃
热侧进口温度	u_{pv,T_i}	0.012				℃
热侧出口温度	u_{pv,T_o}	0.008				℃
表8　总温度测量不确定度	b_{cal}	b_{install}	$b_{\text{spat-var}}$	u_{pv}	u_{overall}	
厂用水进口温度	0.111	0.028	0.040	0.013	0.122	℃
厂用水出口温度	0.111	0.028	0.031	0.013	0.119	℃
热侧进口温度	0.111	0.028	0.038	0.012	0.121	℃
热侧出口温度	0.111	0.028	0.019	0.008	0.116	℃

表 16.7 中变量的计算方法如下：

$$X = \frac{1}{N_t} \sum_{i=1}^{N_t} X_i$$

$$S_x = \sqrt{\sum_{i=1}^{N_t} \frac{(X_i - X)^2}{N_t - 1}}$$

$$b_{\text{spat-var}} = \frac{1}{J_t} \frac{(T - T_{\text{ave}})^2}{J_t - 1} (\text{列})$$

$$b_{\text{spat-var}} = t \sqrt{\frac{1}{J_t} \sum_{i=1}^{J_t} \frac{(t - t_{\text{ave}})^2}{J_t - 1}} (\text{行})$$

$$u_{\text{pv}} = \frac{1}{J_t} \frac{S_x^2}{N_{\text{pv}}} (\text{列})$$

$$u_{\text{pv}} = 2 \sqrt{\sum_{i=1}^{J_t} \frac{1}{J_t} \frac{S_x^2}{N_{\text{pv}}}} (\text{行})$$

$$u_{\text{overall}} = \sqrt{b_{\text{cal}}^2 + b_{\text{spat var}}^2 + u_{\text{pv}}^2}$$

表 16.8 所示为流量测点的标准偏差及不确定度。

表 16.8 流量测点的标准偏差及不确定度

流量测点数	J_f	1		
热侧校准偏差不确定度	$u_{f-cal-h}$	2.0		%
冷侧校准偏差不确定度	$u_{f-cal-c}$	2.0		%
表5 平均流量测量			S_x	
冷侧流量	G_c	558	18.9	L/s
热侧流量	G_h	800	25.2	L/s
冷侧质量流量	m_c	557	48.8	kg/s
热侧质量流量	m_h	795	25.0	kg/s
表9 流量测量校准不确定度				
厂用水流量	$u_{m,c-cal}$	11.1		kg/s
热侧流量	$u_{m,h-cal}$	15.9		kg/s
表10 流量测量过程不确定度				
厂用水流量	$u_{m,c-pv}$	9.7		kg/s
热侧流量	$u_{m,h-pv}$	12.9		kg/s
表11 流量测量总不确定度				
厂用水流量	$u_{m,c-overall}$	14.8		kg/s
热侧流量	$u_{m,h-overall}$	20.5		kg/s

表 16.8 中变量的计算方法如下：

$$u_{cal} = u_{f-cal} m$$

$$u_{pv} = 2 \sqrt{\sum_{i=1}^{J_f} \frac{1}{J_f} \frac{S_x^2}{N_{pv}}}$$

$$u_{m-overall} = \sqrt{u_{cal}^2 + u_{pv}^2}$$

表 16.9 所示为传热功率不确定度分析。

表 16.9 传热功率不确定度分析

表12 热侧	u_{Q-h}	单位	θ_{Q-h}	单位	$(u_{Q-h}\theta_{Q-h})^2$	单位
热侧进口温度 T_i	0.121	℃	−3 312	kW/K	162 667	kW^2
热侧出口温度 T_o	0.116	℃	3 312	kW/K	149 354	kW^2
热侧流量 m_h	20.48	kg/s	17.222	kW	124 367	—
热侧比定压热容 c_{p-h}	4.18	kJ/(kg·K)	3 279	kW/(K·s)	18 784	—
热侧传热功率的总不确定度 u_{Q-h}					675	kW

表 16.9(续)

表 13　冷侧	u_{Q-c}	单位	θ_{Q-c}	单位	$(u_{Q-c}\theta_{Q-c})^2$	单位
热侧进口温度 t_i	0.122	℃	−2 327	kW/K	80 421	kW²
热侧出口温度 t_o	0.119	℃	2 327	kW/K	46 974	kW²
热侧流量 m_c	14.78	kg/s	60.631	kW	802 860	—
热侧比定压热容 c_{p-c}	4.18	kJ/(kg·K)	8 090	kW/(K·s)	114 352	—
冷侧传热功率的总不确定度 u_{Q-c}						kW

表 16.9 中变量的计算方法如下：

$$\theta_{Q-T_i} = -mc_p$$

$$\theta_{Q-T_o} = mc_p$$

$$\theta_{Q-m} = c_p(T_i - T_o)$$

$$\theta_{Q-c_p} = m(T_i - T_o)$$

$$u_Q = \sqrt{\sum(u_Q \cdot \theta)^2}$$

表 16.10 所示为冷热流体之间热平衡的评估。

表 16.10　对冷热流体之间热平衡的评估

内容	符号	数值	单位
热侧			
传热上限	$Q_h + u_{Q-h}$	27 900	kW
传热功率	Q_h	27 225	kW
传热下限	$Q_h - u_{Q-h}$	26 550	kW
冷侧			
传热上限	$Q_c + u_{Q-c}$	25 357	kW
传热功率	Q_c	24 321	kW
传热下限	$Q_c - u_{Q-c}$	23 284	kW
加权平均			
加权平均传热功率	Q_{ave}	26 361	kW
加权平均传热不确定度	u_{ave}	565	kW
传热上限	$Q_{ave} + u_{ave}$	26 926	kW
传热下限	$Q_{ave} - u_{ave}$	25 795	kW

考虑不确定度后的冷侧与热侧传热的范围并没有重叠：$Q_c + u_{Q-c} < Q_h - u_{Q-h}$。

表 16.11 所示为传热功率不确定度的评估：

表 16.11　传热功率不确定度的评估

内容	符号	数值	单位
热侧传热功率	Q_h	27 225	kW
冷侧传热功率	Q_c	24 321	kW
热侧总传热不确定度	u_{Q-h}	675	kW
冷侧总传热不确定度	u_{Q-c}	1 037	kW
相对于热侧的热平衡偏差	HBE	10.7	%
热平衡不确定度	u_{HBE}	4.4	%

虽然测试的不确定度非常好，但测试不符合 $u_{HBE} \geq$ HBE 的标准。$u_{HBE} \geq$ HBE 表明测试是良好的。然而，计算的传热功率的不平衡度仅略超过文献[1]中所示的3%～10%的预期范围。

本章参考文献

[1]　ASME PTC 12.5-2000, Single Phase Heat Exchangers, September 2000.

[2]　Thomas, L. C., The EMTD Method: An Alternative Effective Mean Temperature Difference Approach to Heat Exchanger Analysis, *Heat Transfer Engineering*, vol. 31, 2010 pp. 193-200.

[3]　Thomas, L. C., *The P-NTUI Method: Classical Heat Exchanger Performance Analysis Methods*. EPRI, Palo Alto, CA, 2010, 1021065.

[4]　Thomas, L. C. and C. F. Bowman, Classical Heat Exchanger Analysis. EPRI, Palo Alto, CA, 2015, 3002005337.

[5]　Philpot, L. and S. Singletary, *Service Water, Heat Exchanger Testing Guidelines*, EPRI, Palo Alto, CA, 3002005340.

[6]　Kuppan, K., *Heat Exchanger Design Handbook*, Marcel Dekker, Inc., New York, 2013.

[7]　Shah, R. K. and D. P. Sekulic, Heat Exchangers (Chapter 17), in *Handbook of Heat Transfer*, 3rd ed., Edited by Rohsenow, W. M., Hartnet, J. P, and Cho, Y. I., McGraw-Hill Book Company, New York, 1998.

[8]　Colburn, A. P, A Method of Correlating Forced Convection Heat Transfer Data and a Comparison with Fluid Friction, *Transactions of AIChE*, vol. 29, 1933, pp. 174-219.

[9]　Sieder, E. and G. Tate, Heat Transfer and Pressure Drop of Liquids in Tubes, *Industrial Engineering and Chemistry*, vol. 28, no. 12, December 1936, pp. 1429-1435.

[10]　Thomas, L. C., *Heat Transfer Professional Version*, 2nd ed. Capstone Publishing Corporation, Tulsa, OK, 1999.

第 17 章　空气水冷器

17.1　核电站中空气水冷器的种类

本章所述的空气水冷器是指通过翅片、管束在热空气和冷却水之间传递热量的装置。空气水冷器是一个装有或连接风扇的设备,风扇通过过滤介质和一系列弯曲蛇形气道将空气抽出换热器,通常也会通过一组百叶窗。因此,它被归类为横流换热器。如果空气串联通过四组或更多气道,空气水冷器则常被视为逆流换热器。

核电站中包含各种各样的特殊空气水冷器,它们经常执行重要的安全相关功能,包括安全壳空气冷却装置(也称安全壳风扇冷却装置或安全壳冷却器)、厂用空调、柴油发电机空冷器、反应堆厂房冷却装置和辅助厂房装置冷却器等。本章主要分析沸水堆核装置的反应堆厂房冷却器,其与压水堆的厂用空调、安全壳空气冷却装置的分析方法相同。由于核电站安全壳内设备产生的热量,通常要求空气水冷器在正常运行和大修期间运行。在许多核电站,安全壳内一次管道泄漏或破裂等事故发生后,要求运行空气水冷器,以限制安全壳内蒸汽释放造成的压力升高。一些压水堆采用冰冷凝器,在安全壳内储存足够的冰,通过冷凝蒸汽来限制安全壳压力,直到其他安全系统(如安全壳喷淋系统)启动。正常运行时,一般要求空气水冷器从相对干燥的空气中传递热量,但当要求冷凝蒸汽时,空气通常处在饱和湿度,部分水从空气中凝结后可能会导致管道外部被水淹没。

17.2　带有翅片的传热管

空气水冷器空气侧的对流边界传热热阻可高达湍流水侧的 20～30 倍。为了补偿空气侧的不良传热,通过翅片以将空气侧的表面积增加 20 倍或更多倍于水侧的表面积。实际的设备制造中,这些翅片通常呈矩形,如图 17.1 所示。由于翅片向下传导到水面同样具有热阻,因此一味增加散热片的长度会导致经济性下降[1]。采用翅片效率 η_{fin} 来表征这种传热减少。一些空气水冷器采用盘状翅片,可等效为本书中的平板翅片进行分析。

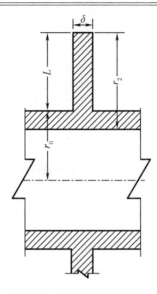

图 17.1　带有翅片的传热管

17.3　参数的含义及计算

　　表 17.1 列出了典型空气水冷器物理参数的符号和含义。表 17.2 给出了空气水冷器扩展参数的计算方法。

表 17.1　空气水冷器物理参数的缩写和定义

符号	含义
N_r	换热管行数
S	蛇形管数量
L_{eff}	换热管有效长度
N_t	每行换热管根数
d_o	管外径
t	管壁厚
x_{air}	空气侧管间距
δ	翅片厚度
N_f	单位长度翅片数
B	翅片高度

表 17.2　空气水冷器扩展参数的计算

符号	含义	计算方法
FA	翅片传热表面积	$FA = L_{eff}B$
D	管束宽度	$D = N_t x_{air}$
d_i	内径	$d_i = d_o - 2t$
A_t	管侧换热面积	$A_t = \pi d_i L_{eff} N_t N_r$
A_{c-f}	带翅板的总横截面积	$A_{c-f} = BD$
A_{c-t}	管内侧流通截面	$A_{c-t} = (\pi/4) d_o^2 N_t N_r$
A_{net-f}	每个翅板的净面积	$A_{net,f} = 2(A_{c-f} - A_{c-t})$
NP	翅板数	$NP = L_{eff} N_f$
A_f	翅板总面积	$A_f = A_{net-f} NP$
A_p	管的净外部面积（主面积）	$A_p = \pi d_o N_t N_r L_{eff}(1 - N_f \delta)$
A_h	加翅片后有效换热面积	$A_h = A_f + A_p$
A_h/A_t	热冷侧换热面积比	A_h/A_t
a_o	每个翅片表面积	$a_o = A_f/(N_t N_r NP)$
d_{fin}	有效翅片当量直径	$d_{fin} = [(2/\pi) a_o + d_o^2]^{0.5}$
a_h	每个翅片的总换热面积	$a_h = A_h/(N_t N_r NP)$
a_p	每个翅片的当量面积	$a_p = \pi d_o (1/N_f - \delta)$
a_f	每个翅片的翅片面积	$a_f = a_h - a_p$
$A_{t,o}$	管外面积	$A_{t-o} = (d_o/d_i) A_t$
A_w	管壁面积	$A_w = (A_{t-o} - A_t)/\ln(A_{t-o}/A_t)$
r_w	管道热阻	$r_w = [d_o \ln(A_h/A_t)]/2k_t$

17.4　翅片效率

表 17.3 所示的分析取自文献[1]，计算了空气水冷器的翅片效率。

表 17.3　翅片效率的计算

符号	含义	计算方法
l	翅片特征长度	$l = \delta/2$
h_h	假定空气膜换热系数	h_h
Bi	毕渥数	$Bi = h_h l/k_t$
r_2	翅片半径	$r_2 = d_{fin}/2$
r_{2-c}	翅片特征半径	$r_{2-c} = r_2 + \delta/2$

表 17.3（续）

符号	含义	计算方法
L	翅片高	$L = r_2 - d_o/2$
L_c	等效翅片高	$L_c = L + \delta/2$
r_{2c}/r_1	半径比	$r_{2c}/r_1 = r_{2c}/(d_o/2)$
η_f	翅片效率	图 17.2
η_h	表面效率	$\eta_h = (a_p + a_f\eta_f)/a_h$

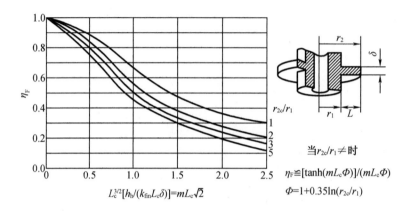

图 17.2 翅片效率（由 Capstone 出版社提供）

17.5 从设计工况反推空气侧换热系数

供应商会提供正常运行模式下不凝气体的影响参数,空气水冷器的空气侧对流换热系数可从从中查询,以消除换热系数对特定几何形状和安装配置的依赖。表 17.4 列出了空气水冷器在正常非冷凝模式下运行所需的设计基准参数,以便能够反算空气侧传热系数。

表 17.4 空气水冷器在正常非冷凝运行模式下运行所需的设计基准参数

符号	含义
G	总厂用水流量
$g_{water-coil}$	每个盘管内厂用水流量
t_{c-i}	进水温度
t_{c-o}	出水温度
t_c	平均水温
κ_c	管侧导热系数

表 17.4(续)

符号	含义
μ_c	管侧动力黏度
c_{p-c}	管侧比定压热容
ρ_c	管侧密度
dt_c	管侧温升
Q_c	管侧传热率
T_{h-i}	进气干球温度
T_{h-o}	出气干球温度
T_h	平均空气干球温度
k_h	热侧导热系数
μ_h	热侧动力黏度
c_{p-h}	热侧比定压热容
F	LMTD 修正系数
m_{c-coil}	管侧盘管内冷却水流量
FV	空气侧外部迎面风速
RH	相对湿度
p	大气压

换热器两侧的污垢热阻,取决于管道和翅片的制造材料及热阻。表 17.5 计算了设计条件下正常非冷凝运行模式下的总传热系数。

表 17.5　设计条件下正常非冷凝运行模式下的总传热系数

符号	含义	计算方法
ΔT_1	端差(大)	$\Delta T_1 = T_{h-i} - t_{c-o}$
ΔT_2	端差(小)	$\Delta T_2 = T_{h-o} - t_{c-i}$
LMTD	平均对数温差	$LMTD = (\Delta T_1 - \Delta T_2)/\ln(\Delta T_1/\Delta T_2)$
EMTD	平均有效温差	$EMTD = F \cdot LMTD$
U_{design}	设计总体传热系数	$U_{design} = Q/(A_h \cdot EMTD)$

管侧对流系数可根据第 16 章中的 Petukhov 关联式计算,见表 17.6。

表 17.6　管侧对流换热系数

符号	含义	计算方法
m_t	单个管内质量流量	$m_t = m_{c-coil}/N_t$
V_t	单个管内体积流量	$V_t = m_t/\rho$

表 17.6(续)

符号	含义	计算方法
a_t	管侧流通截面面积	$a_t = 0.25\pi d_i^2$
v_t	管内流速	$v_t = V_t / a_t$
Pr_c	管侧普朗特数	$Pr_c = c_{p-c}\mu_c / \kappa_c$
Re_c	管侧雷诺数	$Re_c = \rho_c v_t d_i / \mu_c$
f	范宁阻力系数	$f = (1.58\ln Re_c - 3.28)^{-2}$
Nu	努赛尔数	$Nu = [(f/2)Re_c Pr_c] / [1.07 + 12.7(f/2)^{1/2}(Pr_c^{2/3} - 1)]$
h_c	管侧传热系数	$h_c = Nu(\kappa_c / d_i)$

热侧对流换热系数为

$$h_{h-design} = \frac{1/\eta_h}{\dfrac{1}{U_{design}} - r_{f-h} - r_w - \dfrac{A_h}{A_c} \cdot r_{f-c} - \dfrac{A_h}{A_c} \cdot \dfrac{1}{h_c}} \tag{17.1}$$

$$A_w = \frac{A_o - A_i}{\ln \dfrac{A_o}{A_i}} \tag{17.2}$$

$$r_w = \frac{d_o \ln \dfrac{A_h}{A_t}}{2\kappa_w} \tag{17.3}$$

式中 κ_w——传热管管壁的导热系数。

17.6 空气侧的流量和传热计算

利用理想气体定律将空气侧体积流量转换为质量流量,计算空气侧传热,见表 17.7。

表 17.7 空气侧传热与流量计算

符号	含义	计算方法
V	体积流量	$V = BL_{eff} \cdot FV$
P_{sat}	T_{h-i} 下的饱和压力	查询水的物性参数表
P_{wv}	空气中的水蒸气分压	$p_{wv} = RH \cdot p_{sat}$
P_a	空气中的干空气分压	$p_a = p - p_{wv}$
w	湿度比,M 为摩尔质量	$w = (M_{wv}/M_a)(p_{wv}/p_a)$
m_a	空气质量流量,R 为气体常数	$m_a = p_a V / [R(T + 273.15)]$
m_{wv}	水蒸气质量流量	$m_{wv} = wm_a$

表 17.7（续）

符号	含义	计算方法
m_h	空气侧工质总质量流量	$m_h = m_a + m_{wv}$
c_{p-MA}	湿空气的平均比定压热容	$c_{p-MA} = (c_{p-DA} m_a + c_{p-wv} m_{wv})/m_h$
ρ_a	湿空气密度	$\rho_a = m_h/V$
m_{h-coil}	每个盘管的空气流量	$m_{h-coil} = V_{coil} \rho_a$
Q_h	热侧传热量	$Q_h = m_{h-coil} c_{p-MA}(T_{h-i} - T_{h-o})$

注：c_{p-DA} 指干空气比定压热容；c_{p-wv} 指水蒸气比定压热容；V_{coil} 指每个盘管的体积流量。

17.7　试验条件下空气侧的传热系数计算

根据试验条件，空气侧的 h_h 值可根据 Taborek 修正[1] 进行计算。假设 h_h 的实际值是纯横流空气侧导热系数理想值的函数，则

$$h_h = J_T h_{h-ideal} \tag{17.4}$$

其中 J_T 是一个修正系数，它是各种泄漏和旁路路径的函数，因此，对于给定的换热器保持不变。

$$J_T = \left(\frac{h_h}{h_{h-ideal}}\right)_{design} = \frac{h_h}{h_{h-ideal}} \tag{17.5}$$

$$h_{h-test} = \left(\frac{h_{h-test}}{h_{h-ideal}}\right)_{ideal} h_{h-design} \tag{17.6}$$

文献[3]给出了以下修正关系：

$$h_h \approx Re_h^{0.681} Pr^{1/3} \frac{\kappa_h}{D_o} \tag{17.7}$$

将式（17.7）代入式（17.6），有

$$h_{h-test} = \frac{\left[\left(\frac{m_h}{\mu_h}\right)^{0.681}\left(\frac{\mu_h c_{p-h}}{\kappa_h}\right)^{0.333}\kappa_h\right]}{\left[\left(\frac{m_h}{\mu_h}\right)^{0.681}\left(\frac{\mu_h c_{p-h}}{\kappa_h}\right)^{0.333}\kappa_h\right]_{design}} h_{h-design} \tag{17.8}$$

17.8　污垢热阻的计算

测试工况下的污垢热阻计算如下：

$$r_{f-test} = r_{f-h} + \frac{A_h}{A_c} r_{f-c} = \frac{1}{\frac{1}{U_{test}} - \frac{1}{\eta_h h_{h-test}} - r_w - \frac{A_h}{A_c}\frac{1}{h_{c-test}}} \tag{17.9}$$

17.9　参考设计基准事故条件下传热量的计算

设计基准极限条件下的总传热系数 U^* 可表示为

$$\frac{1}{U^*} = \frac{1}{\eta_h h_h^*} + r_w \frac{A_h}{A_c} \frac{1}{h_c^*} + r_{f\text{-test}} \qquad (17.10)$$

式中，h_c^* 是在设计和试验条件下计算的（参见 16.8 节）。

$$Q^* = U^* A_h \cdot \text{EMTD}^* \qquad (17.11)$$

需注意的是，上述分析仅适用于试验期间未发生凝结现象的情况。当由于管道破裂引起水蒸气在饱和空气中冷凝时，U^* 的计算是没有意义的。这时候的分析是核蒸汽供应系统的供应商基于专有测试的分析，不在本书中进行讨论。

17.10　不　确　定　度

本节所介绍的不确定度的计算方法与 16.9 节相同。然而，所谓污垢的不确定性分析，对于空气水冷器的适用性要进一步讨论。

在试验期间测量的污垢热阻定义如下：

$$r_{f\text{-test}} = \frac{1}{U_{\text{test}}} - \frac{1}{U_{\text{clean}}} \qquad (17.12)$$

从上述方程可以看出，污垢热阻的不确定度是 U_{test}、h_h 和 h_c 不确定度的函数。灵敏度系数 θ 和污垢的不确定度，通过每个参数加上和减去不确定度的扰动量来确定：

$$u_{f\text{-}c} = \left[(u_{U_{\text{test}}} \theta_{U_{\text{test}}})^2 + (u_{h_c} \theta_{h_c})^2 + (u_{h_h} \theta_{h_h})^2 \right]^{0.5} \qquad (17.13)$$

灵敏度系数定义为

$$\theta_{U_{\text{test}}} = \frac{\Delta r_{f\text{-test}}}{\Delta U_{\text{test}}} \qquad (17.14)$$

$$\theta_{h_c} = \frac{\Delta r_{f\text{-test}}}{\Delta h_c} \qquad (17.15)$$

$$\theta_{h_c} = \frac{\Delta r_{f\text{-test}}}{\Delta h_h} \qquad (17.16)$$

试验条件所示的总传热系数 U_{test} 可计算如下：

$$U_{\text{test}} = \frac{Q_{\text{ave}}}{A \cdot \text{EMTD}} \qquad (17.17)$$

U_{test} 的不确定度可通过计算变量 Q_{ave} 和 EMTD 的灵敏度系数来确定。假定面积 A 为常数，则

$$\theta_{Q_{\text{ave}}} = \frac{1}{A \cdot \text{EMTD}} \qquad (17.18)$$

$$\theta_{\mathrm{EMTD}} = \frac{Q_{\mathrm{ave}}}{A \cdot \mathrm{EMTD}} \tag{17.19}$$

加权平均传热量和平均传热量的不确定度计算如下：

$$Q_{\mathrm{ave}} = \left(\frac{u_{Q-h}^2}{u_{Q-c}^2 + u_{Q-h}^2} \right) Q_{\mathrm{c}} + \left(\frac{u_{Q-c}^2}{u_{Q-c}^2 + u_{Q-h}^2} \right) Q_{\mathrm{h}} \tag{17.20}$$

$$u_{Q_{\mathrm{ave}}} = \frac{(u_{Q-c}^4 u_{Q-h}^2 + u_{Q-h}^4 u_{Q-c}^2)^{\frac{1}{2}}}{u_{Q-c}^2 + u_{Q-h}^2} \tag{17.21}$$

可以将 EMTD 的不确定度视为所测温度不确定度的函数。此外，文献[4]中的示例 K.1 包括额外的不确定度，以通过假设水对水换热器的毕渥数(Bi)为 0.5 来解释与换热器污垢相关的不确定度的可能变化(见文件 4 的附录 G)。

定义下式：

$$\frac{b_{\mathrm{EMTD-u}}}{\mathrm{EMTD}} = 1 - \frac{2 \left(Bi - \dfrac{\Delta T_1}{\Delta T_2} \right) \ln \dfrac{\Delta T_1}{\Delta T_2}}{(1 + Bi) \left(\dfrac{\Delta T_1}{\Delta T_2} - 1 \right) \ln \dfrac{Bi}{\Delta T_1 / \Delta T_2}} \tag{17.22}$$

文献[4]附录 B 中 EMTD 对温度的灵敏度系数可计算如下：

$$\theta_{\mathrm{EMTD}-T_i} = \mathrm{EMTD} \cdot \frac{1 - \dfrac{\mathrm{EMTD}}{\Delta T_1}}{\Delta T_1 - \Delta T_2} \tag{17.23}$$

$$\theta_{\mathrm{EMTD}-T_o} = \mathrm{EMTD} \cdot \frac{1 - \dfrac{\mathrm{EMTD}}{\Delta T_2}}{\Delta T_1 - \Delta T_2} \tag{17.24}$$

$$\theta_{\mathrm{EMTD}-t_i} = - \mathrm{EMTD} \cdot \frac{1 - \dfrac{\mathrm{EMTD}}{\Delta T_2}}{\Delta T_1 - \Delta T_2} \tag{17.25}$$

$$\theta_{\mathrm{EMTD}-t_o} = - \mathrm{EMTD} \cdot \frac{1 - \dfrac{\mathrm{EMTD}}{\Delta T_1}}{\Delta T_1 - \Delta T_2} \tag{17.26}$$

污垢和不完全混合导致的敏感系数为 1.0。热流体和冷流体传热量可计算如下：

$$Q_{\mathrm{h}} = m_{\mathrm{h}} c_{p-h} (T_i - T_o) \tag{17.27}$$

$$Q_{\mathrm{c}} = m_{\mathrm{c}} c_{p-c} (t_i - t_o) \tag{17.28}$$

对于传热量 Q，自变量为质量流量、比定压热容以及入口和出口温度。传热量的总不确定度是不确定度贡献之和的均方根。例如，Q_{c} 的不确定度如下：

$$u_{Q_{\mathrm{c}}} = \left[(u_{t_i} \theta_{t_i})^2 + (u_{t_o} \theta_{t_o})^2 + (u_{m_{\mathrm{c}}} \theta_{m_{\mathrm{c}}})^2 + (u_{c_{p-c}} \theta_{c_{p-c}})^2 \right]^{1/2} \tag{17.29}$$

文献[4]的表 B.2 给出了各自变量灵敏度系数的计算公式：

$$\theta_{Q_{T_i}} = - m_{\mathrm{h}} c_{p-h} \tag{17.30}$$

$$\theta_{Q_{T_o}} = m_{\mathrm{h}} c_{p-h} \tag{17.31}$$

$$\theta_{c_{p-h}} = m_{\mathrm{h}} (T_i - T_o) \tag{17.32}$$

$$\theta_{Q_{t_i}} = - m_{\mathrm{c}} c_{p-c} \tag{17.33}$$

$$\theta_{Q_{t_o}} = m_c c_{p-c} \qquad (17.34)$$

$$\theta_{c_{p-c}} = m_c (t_o - t_i) \qquad (17.35)$$

17.11 本 章 算 例

2009 年 12 月, Virgil C. Summer 核电站对四个反应堆厂房冷却装置中的一个进行了两次传热试验。试验间隔一天进行, 第二次试验期间的厂用水流量为第一次试验的一半。表 17.8 所示为反应堆厂房冷却装置的结构数据。

表 17.8 反应堆厂房冷却装置的结构数据

内容	变量	单位	数值
并行盘管数	C	—	8
行数	N_r	—	8
蛇管数	S	—	2
有效管长	L_{eff}	m	3.35
每排管数	N_t	—	16
管子外径	d_o	m	0.016 3
管壁厚	t	m	0.001 2
翅片厚度	δ	m	0.002 1
单位长度翅片数	N_f	m^{-1}	243
管束深度	D	m	0.30
面高	B	m	0.61

表 17.9 所示为反应堆厂房冷却装置计算结构数据。

表 17.9 反应堆厂房冷却装置计算结构数据

内容	变量	单位	数值
外壁面传热表面积	$FA = L_{eff}B$	m^2	2.04
管壁内径	$d_i = d_o - 2t$	m	0.013 9
管侧换热面积	$A_t = \pi d_i L_{eff} N_t N_r$	m^2	18.7
翅片流通截面	$A_{c-f} = BD$	m^2	0.183
管侧流通截面	$A_{c-t} = (\pi/4) d_o^2 N_t N_r$	m^2	0.027
每个翅片净面积	$A_{net-f} = 2(A_{c-f} - A_{c-t})$	m^2	0.312
单管翅片数	$NP = L_{eff} N_f$	个	814

表 17.9（续）

内容	变量	单位	数值
总翅片面积	$A_f = A_{net-f} \cdot NP$	m^2	254
管道外壁净面积	$A_p = \pi d_o N_t N_r L_{eff}(1 - N_f \delta)$	m^2	11
有效管外侧换热面积	$A_h = A_f + A_p$	m^2	265
管内外换热面积比	A_h / A_t	—	14.17
每个翅片的传热面积	$a_o = A_f / (N_t N_r \cdot NP)$	m^2	0.002 44
每个翅片当量直径	$d_{fin} = [(2/\pi) a_o + d_o^2]^{0.5}$	m	0.042 66
每个翅片占有的热侧传热面积	$a_h = A_h / (N_t N_r \cdot NP)$	m^2	0.002 54
每个翅片占有的管外壁面积	$a_p = \pi d_o (1/N_f - \delta)$	m^2	0.000 10
相对热侧内壁面传热面积	$A_{t-o} = (d_o / d_i) A_t$	m^2	21.9
相对热侧管壁面积	$A_w = (A_{t-o} - A_t) / \ln(A_{t-o} / A_t)$	m^2	20.3
传热管及翅片导热系数（ASTM 122 铜合金）	κ_t	$W/(m \cdot K)$	339
管壁热阻	$r_w = [d_o \ln(A_h / A_t)]/2k_t$	$m^2 \cdot K/W$	0.000 064

翅片效率计算方法见表 17.10。

表 17.10　翅片效率计算

内容	变量	单位	数值
翅片特征长度	$l = \delta / 2$	m	0.001 05
假设热侧传热系数	h_h	$W/(m^2 \cdot K)$	75.5
毕渥数	$Bi = h_h l / \kappa_t$	—	0.000 2
翅片半径	$r_2 = d_{fin} / 2$	m	0.021 3
翅片特征半径	$r_{2,c} = r_2 + \delta/2$	m	0.022 4
翅高	$L = r_2 - d_o / 2$	m	0.013 2
等效翅高	$L_c = L + \delta/2$	m	0.014 3
图 17.2 半径比	$r_{2c} / (d_o / 2)$	—	2.75
图 17.2 横坐标	$L_c^{1.5}[h_h / (k_t L_c \delta)]^{0.5}$	—	0.147 27
图 17.2 翅片效率	η_f		0.950
表面换热效率	$\eta_h = (a_p + a_f \eta_f)/a_h$		0.952

表 17.11 中的参数取自换热器数据表或基于其进行计算。

表 17.11 换热器设计参数

内容	变量	单位	数值
厂用水总流量	G	L/s	41
每个盘管的厂用水流量	$g_c = G/C$	L/s	5.2
进口水温	t_{c-i}	℃	29.44
出口水温	t_{c-o}	℃	32.00
平均水温	$t_c = (t_{c-i} + t_{c-o})/2$	℃	30.72
管侧导热系数	κ_c	W/(m·K)	0.614
管侧动力黏度	μ_c	kg/(m·s)	0.000 81
管侧比定压热容	c_{p-c}	kJ/(kg·K)	4.178
管侧密度	ρ_c	kg/m³	994
管侧温升	$dt_c = t_{c-o} - t_{c-i}$	℃	2.56
管侧换热速率	$Q_c = g_c c_{p-c} \rho_c dt_c$	W	54 952
空气进口干球温度	T_{h-i}	℃	37.78
空气出口干球温度	T_{h-o}	℃	31.53
空气侧平均干球温度	$T_h = (T_{h-i} + T_{h-o})/2$	℃	34.66
热侧导热系数	κ_h	W/(m·K)	0.620
热侧动力黏度	μ_h	kg/(m·s)	0.000 76
热侧比定压热容	c_{p-h}	kJ/(kg·K)	4.177
LMTD 修正系数	F	—	0.989
管侧每个盘管质量流量	$m_{c-coil} = g_c \rho_c$	kg/s	5.17
空气侧外部迎面风速	FV	m/s	3.76
相对湿度	RH	%	40
总大气压	p	kPa	100.66

设计工况下的总传热系数 U_{design} 可用表 17.12 计算。

表 17.12 换热器设计工况下总换热系数的计算

内容	变量	单位	数值
端差(大)	$\Delta T_1 = T_{h-i} - t_{c-o}$	℃	5.78
端差(小)	$\Delta T_2 = T_{h-o} - t_{c-i}$	℃	2.09
平均对数温差	LMTD = $(\Delta T_1 - \Delta T_2)/\ln(\Delta T_1/\Delta T_2)$	℃	3.63
平均有效温差	EMTD = $F \cdot$ LMTD	℃	3.59
设计总体传热系数	$U_{design} = Q/(A_h \cdot$ EMTD$)$	W/(m²·K)	57.80

管侧对流系数可根据第 16 章中的 Petukhov 关联式计算,见表 17.13。

表 17.13 管侧对流换热系数的计算

内容	变量	单位	数值
单管质量流量	$m_t = m_{c-coil}/N_t$	kg/s	0.159
单管体积流量	$V_t = m_t/\rho_c$	m^3/s	0.000 16
单管流通截面面积	$a_t = \pi d_i^2$	m^2	0.000 15
管内流速	$v_t = V_t/a_t$	m/s	1.08
管侧普朗特数	$Pr_c = c_{p-c}\mu_c/k_c$	—	5.50
管侧雷诺数	$Re_c = \rho_c v_t d_i/\mu_c$	—	18 235
范宁阻力系数	$f = (1.58\ln Re_c - 3.28)^{-2}$	—	0.006 99
努赛尔数	$Nu = [(f/2)Re_c Pr_c]/[1.07 + 12.7(f/2)^{1/2}(Pr_c^{2/3} - 1)]$	—	127.81
管侧换热系数	$h_c = Nu(\kappa_c/d_i)$	$W/(m^2 \cdot K)$	5 701

设计工况下,热侧的对流换热系数计算为

$$h_{h-design} = \frac{1/\eta_h}{\dfrac{1}{U_{design}} - r_{f-h} - r_w - \dfrac{A_h}{A_c} \cdot r_{f-c} - \dfrac{A_h}{A_c}\dfrac{1}{h_c}} = 75.76 \ W/(m \cdot K)$$

空气侧对流换热系数的计算见表 17.14。

表 17.14 空气侧对流换热系数的计算

内容	变量	单位	数值
体积流量	V	m^3/s	62
T_{h-i} 下的饱和压力	p_{sat},查询水的物性参数表	kPa	6.59
空气中的水蒸气分压	$p_{wv} = RH \cdot p_{sat}$	kPa	2.63
空气中的干空气分压	$p_a = p - p_{wv}$	kPa	98.03
湿度比,M 指摩尔质量	$w = (M_{wv}/M_a)(p_{wv}/p_a)$	—	0.017
空气质量流量,R 指气体常数	$m_a = p_a V/[R(T + 273.15)]$	kg/s	8.427
水蒸气质量流量	$m_{wv} = w m_a$	kg/s	0.141
空气侧工质总质量流量	$m_h = m_a + m_{wv}$	kg/s	8.567
干空气比定压热容	c_{p-DA}	$kJ/(kg \cdot K)$	1.005
蒸汽比定压热容	c_{p-wv}	$kJ/(kg \cdot K)$	4.178
湿空气的平均比定压热容	$c_{p-MA} = (c_{p-DA}m_a + c_{p-wv}m_{wv})/m_h$	$kJ/(kg \cdot K)$	1.057
湿空气密度	$\rho_a = m_h/V$	kg/m^3	1.157
每个盘管的空气流量	$m_{h-coil} = V_{coil}\rho_a$	kg/s	8.567
热侧传热量	$Q_h = m_{h-coil}c_{p-MA}(T_{h-i} - T_{h-o})$	W	56 632

换热器测试参数见表 17.15。

表 17.15 管侧对流换热系数的计算

内容	变量	单位	测试 1	测试 2
总厂用水流量	G	L/s	82.95	39.8
盘管厂用水量	$G_c = G/C$	L/s	10.37	4.98
进口水温	t_{c-i}	℃	15.42	27.99
出口水温	t_{c-o}	℃	17.94	31.27
平均水温	$t_c = (t_{c-i} + t_{c-o})/2$	℃	16.68	29.63
管侧导热系数	κ_c	W/(m·K)	0.591	0.612
管侧动力黏度	μ_c	kg/(m·s)	0.001 11	0.000 82
管侧比定压热容	c_{p-c}	kJ/(kg·K)	4.187	4.178
管侧密度	ρ_c	kg/m³	999	995
盘管质量流量	$m_{c-coil} = g_c \rho_c$	kg/s	10.36	4.96
管侧换热速率	$Q_c = g_c c_{p-c} \rho_c \mathrm{d}t_c$	W	109 170	680 240
相对湿度	RH	%	22.19	11.12
总体积流量	V_{total}	m³/s	54.23	54.52
每个盘管体积流量	$V_{coil} = V_{total}/C$	m³/s	6.78	6.81
空气进口干球温度	T_{h-i}	℃	33.59	40.13
空气出口干球温度	T_{h-o}	℃	18.32	30.45
空气平均干球温度	$T_h = (T_{h-i} + T_{h-o})/2$	℃	25.96	35.29
热侧导热系数	κ_h	W/(m·K)	0.607	0.621
热侧动力黏度	μ_h	kg/(m·s)	0.000 89	0.000 75
热侧比定压热容	c_{p-h}	kJ/(kg·K)	4.180	4.177
热侧干空气密度	ρ_h	kg/m³	1.245	1.230
总大气压	p	kPa	102.39	105.01
T_{h-i} 下的饱和压力	p_{sat}，查询水的物性表	kPa	5.23	7.48
水蒸气分压	$P_{wv} = {}_R H \cdot P_{sat}$	kPa	1.16	0.83
蒸汽相对分子质量	M_{wv}	—	18	18
空气相对分子质量	M_a	—	29	29
干空气比定压热容	c_{p-DA}	kJ/(kg·K)	1.057	1.057
蒸汽比定压热容	c_{p-wv}	kJ/(kg·K)	4.180	4.177
干空气分压	$p_a = p - p_{wv}$	kPa	101.23	104.18
湿度比	$w = (M_{wv}/M_a)(p_{wv}/p_a)$	—	0.007 1	0.005 0
空气质量流量	$m_a = p_a V/[R(T + 273.15)]$	kg/s	7.790	7.891
每个盘管的蒸汽流量	$m_{wv-coil} = w m_a$	kg/s	0.055	0.039
空气侧总质量流量	$m_h = m_a + m_{wv-coil}$	kg/s	7.845	7.931
湿空气平均比定压热容	$c_{p-MA} = (c_{p-DA} m_a + c_{p-wv} m_{wv})/m_h$	kJ/(kg·K)	1.079	1.072

表 17.15(续)

内容	变量	单位	测试 1	测试 2
热侧测试传热功率	$Q_h = c_{p-DA} m_a (T_{h-i} - T_{h-o})$	W	129 366	823 072
平均传热功率	$Q_{test-ave} = (Q_h + Q_c)/2$	W	119 268	751 656
端差(大)	$\Delta T_1 = T_{h-i} - t_{c-o}$	℃	15.64	8.86
端差(小)	$\Delta T_2 = T_{h-o} - t_{c-i}$	℃	2.89	2.46
平均对数温差	$LMTD = (\Delta T_1 - \Delta T_2)/\ln(\Delta T_1/\Delta T_2)$	℃	7.56	4.99
温度变化比	$R = (T_{h-i} - T_{h-o})/(t_{c-i} - t_{c-o})$	—	6.06	2.96
传热效率	$P = (t_{c-o} - t_{c-i})/(T_{h-i} - t_{c-i})$	—	0.14	0.27
LMTD 修正系数	F	—	0.975	0.954
平均有效温差	$EMTD = F \cdot LMTD$	℃	7.37	4.76
试验总传热系数	$U_{test} = Q_{ave}/(A_h \cdot EMTD)$	W/(m²·K)	57.08	54.29
传热管平均温度	$t_{tube} = (T_h + t_c)/2$	℃	21.32	32.46
传热管热阻	$r_w = [d_o \ln(A_h/A_t)/(2\kappa_t)]$	m²·K/W	0.000 02	0.000 02
单管质量流量	$m_t = m_{c-coil}/(SN_t)$	kg/s	0.324	0.155
单管体积流量	$V_t = m_t/\rho_c$	m³/s	0.000 32	0.000 16
管内流速	$v_t = V_t/a_t$	m/s	2.177	1.046
管侧普朗特数	$Pr_c = c_{p-c}\mu_c/k_c$	—	7.84	5.62
管侧雷诺数	$Re_c = \rho_c v_t d_i/\mu_c$	—	27 088	17 385
范宁阻力系数	$f = (1.58\ln Re_c - 3.28)^{-2}$	—	0.006 06	0.000 678
努赛尔数	$Nu = \dfrac{[(f/2)Re_c Pr_c]}{[1.07 + 12.7(f/2)^{1/2}(Pr_c^{2/3} - 1)]}$	—	205.4	124.1
管侧传热系数	$h_c = Nu(k_c/d_i)$	W/(m²·K)	8 812	5 519
热侧流量	$m_{h-coil} = g_h \rho_h$	kg/s	7.845	7.931
热侧传热系数	h_{h-test}	W/(m²·K)	66.7	72.2
总热阻	$r = 1/U_{test}$	m²·K/W	0.01752	0.01842
热侧对流热阻	$r_h = 1/(\eta_h h_{h-test})$	m²·K/W	0.015 76	0.014 56
冷侧对流热阻	$r_c = (A_h/A_c)(1/h_c)$	m²·K/W	0.001 65	0.002 63
污垢热阻(相对热侧)	r_{f-h}	m²·K/W	0.000 09	0.001 21
污垢热阻(相对冷侧)	$r_{f-c} = (A_c/A_h)r_{f-h}$	m²·K/W	0.000 01	0.000 08

表 17.15 中,热侧测试传热系数及相对于热侧的污垢热阻计算方法为

$$h_{h-test} = \frac{\left[\left(\dfrac{m_h}{\mu_h}\right)^{0.681}\left(\dfrac{\mu_h c_{p-h}}{k_h}\right)^{0.333} k_h\right]_{test}}{\left[\left(\dfrac{m_h}{\mu_h}\right)^{0.681}\left(\dfrac{\mu_h c_{p-h}}{k_h}\right)^{0.333} k_h\right]_{design}} h_{h-design}$$

$$r_{f-test} = \cfrac{1}{\cfrac{1}{U_{test}} - \cfrac{1}{\eta_h h_{h-test}} - r_w - \cfrac{A_h}{A_c} \cdot \cfrac{1}{h_{c-test}}}$$

本章参考文献

[1] Thomas, L. C. *Heat Transfer-Professional Version*, Prentice Hall, Englewood Cliffs, NJ, 1993, p. 739.

[2] Gardner, K. A., Fin Efficiency of Extended Surfaces, *Transactions of the ASME*, vol. 67, 1945, p. 621.

[3] ASME PTC 30-1991, *Air Cooled Heat Exchangers*, American Society of Mechanical Engineers, 1991.

[4] ASME PTC 12.5-2000, *Single Phase Heat Exchangers*, American Society of Mechanical Engineers, September, 2000.

第18章 板式换热器

18.1 板式换热器概述

图 18.1 所示为一个典型的板式换热器结构示意图,它由一个框架和一组波纹板组成,波纹板之间用垫圈隔开,并用螺栓固定在两个端盖之间。被加热和冷却的液体通过板之间的通道流动。液体通过位于板的四个角上的端口进出,在除了流路之外的部分,垫圈在板的外缘和端口周围密封。垫圈的合理设计使内部流动呈现各种流型。常见的换热板设计是人字形设计,在其中的换热板上压印有一个人字形图案,与水平板成 30°或 60°夹角,板之间有大量的接触点,从而形成纵横交错的流动通道。

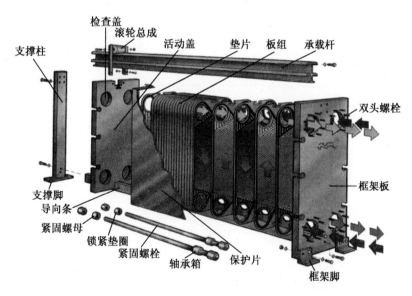

图 18.1　板式换热器结构示意图(由 Alfa Laval 提供)

板式换热器很紧凑,通常用钢丝刷就可以很容易地清洗干净。只需添加更多的板,就可以很容易地增加板式换热器的换热面积。与管壳式换热器相比,板式换热器质量轻、成本低、占地面积小(不需要预留抽出管的空间)、传热系数高。因此,它们仅需要较少的冷却水流量即可实现相同程度的冷却。

18.2　核电站中板式换热器的应用

尽管板式换热器在核电站中有多种应用(从设备冷却到乏燃料冷却的所有方面),但对于以厂用为冷却水的系统而言,板式换热器要求冷却水流量较小的优点就显得尤为突出。正如 Bowman 和 Bain[1] 及 Bowman[2] 所进行的研究表明,厂用水系统中常用的碳钢管道,流通能力的降低主要是由于微生物引起的腐蚀,这是许多核电站潜在的风险之一。经验表明,由于通道中的较高的紊流程度,板式换热器的表面不像管壳式换热器的表面那样容易污染,但它们也会同时受到微观污染和宏观污染的威胁。在源头对厂用水进行适当的过滤和化学处理,对于板式换热器的良好运行至关重要。

板式换热器主要适用于液 – 液传热,可进一步扩展至单相气体。板式换热器制造商 Alfa Laval 提出了表 18.1 所示的性能限制参数。

表 18.1　Alfa Laval 提出的性能限制参数

项目	值
压力	2 500 kPa
温度	150 ℃
温度总有效传热面积	2 200 m²
质量流量	1 000 kg/s

Bond[3] 的研究结果表明,板式换热器能够在高达 260 ℃ 的温度下工作。

18.3　板式换热器测试

1995 年,Bowman 和 Craig[4] 提供了田纳西河流域管理局 Sequoyah 核电站板式换热器的广泛传热试验,该试验是为满足美国核管会的要求而进行的。在 20 世纪 80 年代末,田纳西河流域管理局用六个板式换热器取代了三个大型管壳式换热器,这些换热器由厂用水冷却。如果厂用水温度足够低,该布置允许其中一个板式换热器停止使用并进行清洁。

板式换热器供应商 Alfa Laval 为田纳西河流域管理局提供了一系列电厂运行条件下的性能预测。Bowman 和 Craig[4] 报告称,绘制数据时,可以通过 Colburn 类比法确定基于热侧和冷侧的传热系数 C。努赛尔数与雷诺数的关系曲线在双对数坐标下是一个线性函数,因此,通过反复试验,可以找到一个 C 值,使其计算的总传热系数 U 满足以下方程:

$$U = \frac{1}{\dfrac{1}{h_c} + \dfrac{1}{h_h} + r_w + r_f} = \frac{Q}{\text{AF} \cdot \text{LMTD}} \tag{18.1}$$

式中各符号含义与第 16、17 章相同。尽管 Sequoyah 的板式换热器的设计污垢热阻为 0.000 3 h·ft²·℉/Btu(约 0.000 053 m²·K/W),传热试验表明污垢热阻在 0.000 2 ~ 0.000 7 h·ft²·℉/Btu(约 0.000 035 ~ 0.000 123 m²·K/W)之间。当确定污垢阻力大于设计值时,考虑实际可用的厂用水流量和温度进行评估,以确保电厂能够继续安全运行,并计划及时清洁板式换热器。每一个板式换热器都曾多次拆卸和清洗,并且在板的厂用水侧观察到污垢。这种污染是生物性的,包括黏液、藻类和亚洲蛤蜊等。在板式换热器污染和厂用水系统的杀菌剂处理不充分之间具有强烈的相关性。Sequoyah 进行试验的板式换热器在试验前没有进行清洁,因为只有当其中一个核机组停堆换料时,才有足够的热负荷裕度。

18.4　板式换热分析

一般来说,通过板式换热器中相邻通道的流动是逆流的(即不存在管壳式换热器的横流情况)。因此,对于大多数板式换热器,$F=1$。板式换热器由单一类型的板组成,板的几何形状在两侧相同。对数平均温差算法如下:

$$\text{LMTD} = \frac{\Delta t_1 - \Delta t_2}{\ln \dfrac{\Delta t_1}{\Delta t_2}} \tag{18.2}$$

$$\Delta t_1 = T_{h-i} - t_{c-o} \tag{18.3}$$

$$\Delta t_2 = T_{h-o} - t_{c-i} \tag{18.4}$$

板式换热器的几何结构由以下参数定义:

NHX——运行中的板式换热器个数;

L_H——板高;

L_w——板宽;

L_{CP}——板的压缩高度;

N_P——板数;

ΔX——板厚;

A——总有效面积。

因为板材是波纹状的,所以板材的有效面积大于宽度乘以高度,需要乘以表面放大系数 φ,根据板材制造的不同,其值可高达 1.5,并且可以很容易用柔性卷尺测量。根据上述内容,可以计算通道数、有效面积、板间距和水力直径,具体如下所示:

$$N_{cp} = (N_p - 1)/2 \tag{18.5}$$

$$A_{eff} = \varphi A \tag{18.6}$$

$$b = \frac{L_c}{N_p} - \Delta X \tag{18.7}$$

$$D_e = \frac{4L_w b}{2L_w + 2b} \tag{18.8}$$

传热系数 h 为

$$h = Nu(\kappa/D_e) \tag{18.9}$$

Raju 和 Chand[5]建议使用 Colburn 类比来确定板式换热器的努赛尔数：

$$Nu = CRe^m Pr^n (\mu_b/\mu_w)^x \tag{18.10}$$

Arpaci[6]表明，对于平板湍流流动，努赛尔数与雷诺数的 0.75 次方、普朗特数的 0.333 次方成正比，其中 $Pr > 1$。对于湍流($Re > 2\,300$)，上述方程中的最后一项可以忽略。因此有

$$h_c = CRe^{0.75} Pr^{0.333} (\kappa_c/D_e) \tag{18.11}$$

$$h_h = CRe^{0.75} Pr^{0.333} (\kappa_h/D_e) \tag{18.12}$$

雷诺数的计算方法为

$$Re = D_e G/\mu \tag{18.13}$$

式中 μ——运动黏度。

G 的计算方法为

$$G = \frac{m}{N_p b L_w} \tag{18.14}$$

式中 m——质量流量。

普朗特数的计算方法为

$$Pr = \frac{\mu c_p}{k} \tag{18.15}$$

式中 c_p——工质比定压热容；

κ——工质导热系数。

这些算法同样适用于板式换热器的热侧和冷侧。

1999 年，Bowman[7]指出，由于板式换热器两侧的几何结构相同，热侧和冷侧的 h 表达式相似，因此，两边的 C 值是相同的，对于干净的板式换热器，可以求解 C，如下所示：

$$\frac{1}{U} = \frac{1}{h_c} + \frac{1}{h_h} + r_w = \frac{A \cdot \text{LMTD}}{Q} \tag{18.16}$$

$$\frac{1}{CRe_c^{0.75} Pr_c^{0.333} \dfrac{\kappa_c}{D_e}} + \frac{1}{CRe_h^{0.75} Pr_h^{0.333} \dfrac{\kappa_h}{D_e}} = \frac{A \cdot \text{LMTD}}{Q} - r_w \tag{18.17}$$

$$C \frac{Re_c^{0.75} Pr_c^{0.333} \kappa_c}{D_e} + C \frac{Re_h^{0.75} Pr_h^{0.333} \kappa_h}{D_e} = \frac{1}{\dfrac{A \cdot \text{LMTD}}{Q} - r_w} \tag{18.18}$$

$$C = \frac{\dfrac{D_e}{Re_c^{0.75} Pr_c^{0.333} \kappa_c + Re_h^{0.75} Pr_h^{0.333} \kappa_h}}{\dfrac{A \cdot \text{LMTD}}{Q} - r_w} \tag{18.19}$$

通过简单地了解一组设计运行条件(即热侧和冷侧质量流量以及入口和出口温度)的物理参数和预测的传热功率可知，该方程能够应用于预测板式换热器在设计条件以外的性能。如果设计数据不可用，可通过在一系列运行条件下对清洁板式换热器进行一系列传热试验来确定 C 值。

18.5　本章算例

参考第 18.4 节,计算 Colburn 类比中的常数 C 值。

换热器参数如下:

板高 L_H 为 1.714 5 m;板宽 L_w 为 0.844 6 m;板的压缩高度 L_{cp} 为 0.796 9 m;板数 N_p 为 191 块;板厚 ΔX 为 0.000 5 m;表面放大系数 φ 为 1.3。

$$N_{cp} = \frac{N_p - 1}{2} = \frac{191 - 1}{2} = 95$$

$$A_{eff} = \varphi L_H L_w N_p = 1.3 \times 1.714 5 \times 0.844 6 \times 191 = 360 (m^2)$$

$$b = \frac{L_{cp}}{N_p} - \Delta X = \frac{0.796 9}{191} - 0.000 5 = 0.0036 64 (m)$$

$$D_e = \frac{4 L_w b}{2 L_w + 2 \varphi b} = \frac{4 \times 0.844 6 \times 0.003 664}{2 \times 0.844 6 + 2 \times 1.3 \times 0.003 664} = 0.007 29 (m)$$

设计的运行边界参数如下:冷水进口温度 t_i 为 27.8 ℃;冷水出口温度 t_o 为 32.8 ℃;冷水流量 m_c 为 267 kg/s;热水进口温度 T_i 为 37.8 ℃;热水出口温度 T_o 为 28.6 ℃;热水流量 m_h 为 132 kg/s;传热壁面热阻 r_w 为 0.000 024 m² · K/W。

流体物性参数如下:冷侧密度 ρ_c 为 995 kg/m³;冷侧比定压热容 $c_{p-c-ave}$ 为 4.178 kJ/(kg · K);冷侧动力黏度 μ_c 为 0.000 81 kg/(m · s);冷侧导热系数 κ_c 为 0.613 W/(m · K);热侧密度 ρ_h 为 994 kg/m³;热侧比定压热容 $c_{p-h-ave}$ 为 4.177 kJ/(kg · K);热侧动力黏度 μ_h 为 0.000 78 kg/(m · s);热侧导热系数 k_h 为 0.618 W/(m · K)。

$$\Delta t_1 = T_i - t_o = 5.00 \text{ ℃}$$

$$\Delta t_2 = T_o - t_i = 0.84 \text{ ℃}$$

$$LMTD = \frac{\Delta t_1 - \Delta t_2}{\ln \dfrac{\Delta t_1}{\Delta t_2}} = 2.33 \text{ ℃}$$

$$Q_h = m_h c_{p-h-ave} (T_i - T_o) = 5 578 \text{ kW}$$

$$Q_c = m_c c_{p-c-ave} (t_o - t_i) = 5 044 \text{ kW}$$

$$Q_{ave} = \frac{Q_c + Q_h}{2} = 5 311 \text{ kW}$$

$$U = \frac{Q_{ave}}{A_{eff} \cdot LMTD} = 6 377 \text{ W/(m · K)}$$

计算质量流速率:

$$G_c = \frac{m_c}{N_{cp} b L_w \varphi} = 699 \text{ kg/(m}^2 \cdot \text{s)}$$

$$G_h = \frac{m_h}{N_{cp} b L_w \varphi} = 345 \text{ kg/(m}^2 \cdot \text{s)}$$

雷诺数与普朗特数分别为

$$Re_c = \frac{D_e G_c}{\mu_c} = 6\ 253$$

$$Re_h = \frac{D_e G_h}{\mu_h} = 3\ 240$$

$$Pr_c = \frac{\mu_c c_{p-c-ave}}{\kappa_c} = 5.55$$

$$Pr_h = \frac{\mu_h c_{p-h-ave}}{\kappa_h} = 5.24$$

由以上方程,得到 C 值为

$$C = \frac{\dfrac{D_e}{Re_c^{3/4} Pr_c^{1/3} k_c} + \dfrac{D_e}{Re_h^{3/4} Pr_h^{1/3} \kappa_h}}{\dfrac{A \cdot \text{LMTD}}{Q} - r_w} = 0.189$$

本章参考文献

[1] Bowman, C. F. and W. S. Bain, *A New look at Design of Raw Water Piping*, *Power Engineering*, PennWell Publishing Co. , Tulsa, OK, 1980.

[2] Bowman, C. F, *Solving Raw Water Piping Corrosion Problems*, *Power Engineering*, PennWell Publishing Co. , Tulsa, OK, 1994.

[3] Bond, M. P. , Plate Heat Exchanger for Effective Heat Transfer, *The Chemical Engineer*, April 1981, pp.163-167.

[4] Bowman, C. F. and E. F. Craig, Plate Heat Exchanger Performance in a Nuclear Safety-Related Service Water Application, *Proceedings of the International Joint Power Conference*, 1995.

[5] Rauj, K. S. N. andJ. Chand, *Consider the Plate Heat Exchanger*, *Chemical Engineering*, 1980, McGraw-Hill Inc. , New York, 1980.

[6] Arpaci, V. S. , *Microscales of Turbulent Heat and Mass Transfer*, *Advances in Heat Transfer*, pp.1-91, Academic Press, Cambridge, MA, 1997.

[7] Bowman, C. F, Plate Heat Exchangers, *Proceedings of the Electric Power Research Institute Service Water System Reliability Improvement Seminar*, 1999.

第19章 安全壳和反应堆厂房空气冷却器试验

19.1 安全壳和反应堆厂房空气冷却器的功能

如第 17 章所述,在发生事故后核电站采用空气水冷器执行重要的与安全相关的功能,例如,当安全壳或反应堆厂房内的主管道泄漏或破裂时限制蒸汽释放造成的压力。这些空气水冷器有时也在正常运行期间执行冷却功能。

19.2 试 验 依 据

1989 年,针对所报告的问题,美国核管会发布了《影响安全相关设备的厂用水系统问题》(GL 89 - 13),要求所有核电站进行一项试验计划,以验证厂用水冷却的所有安全相关换热器的传热能力。GL 89 - 13 列出了厂用水系统的具体措施:

(1)实施并保持一个持续的监控技术计划,以显著降低生物污染导致的流动堵塞问题的发生率。

(2)执行测试程序,以验证所有由厂用水冷却的与安全相关的热交换器的传热能力。

(3)通过制订开放式循环厂用水系统管道和部件的常规检查和维护计划,确保腐蚀、侵蚀、保护涂层失效,淤积和生物污垢不会降低由厂用水供应的安全相关系统的性能。

在进行了三次试验后,核电站将重新确定试验的最佳频率,确保换热器将执行其预期的安全功能。试验频率不超过每五年一次。GL 89 - 13 还规定,同样确保满足散热要求的测试计划是可以接受的。美国核管会可接受的替代措施的一个例子是频繁定期维护换热器,而不是对其进行测试。GL 89 - 13 中的附件 2 规定,如果不可能测试空气水冷器,被许可方可通过执行测量空气和水流量及趋势的程序,得到的结果同样是可以接受的。在可能的情况下,经营所有权人还需要对换热器的空气侧和水侧进行目视检查,以确保清洁。在 GL 89 - 13 增补 1 中,美国核管会被问及如果在已检查挡板中,以确保流量不会绕过盘管时,发现设计流量下通过换热器的压降(dp)小于制造商的指标,是否需要进行传热试验。美国核管会回应说,GL 的目标是确保满足排热要求,如果有充足的流量和冷却,传热测试将是多余的。

1991 年,为了响应 GL 89 - 13,美国电力研究院编制了 EPRI 报告 NP - 7552[1],以提供符合 GL 89 – 13 要求的热性能监测方法菜单。1994 年,美国机械工程师学会(ASME)制定了 ASME OM – S/G 1994 标准第 21 部分[2],以确定运行前和运行中试验的要求,来评估换热器在事故后关闭并保持反应堆处于安全状态所需的运行准备状态。建议的方法如下:

(1)参数趋势监测;

(2)目视检查;

(3)定期维护;

(4)压力损失监测;

(5)温差监测;

(6)温度有效性试验;

(7)传热试验;

(8)功能测试。

上述两份文件均就采用哪种方法合适提供了指导。

作为美国境内核电站响应 GL 89 – 13 文件的一部分,许多核电站已承诺在空气水冷器上定期进行传热试验,增加维护的频率,或两者结合进行。在空气水冷器上进行传热测试是十分有意义的,因为其他的换热器往往很难测试。针对如第 16 章所述的管壳式换热器,如果不切实际,也是非常困难的。一些可能使空气水冷器传热测试不可行的因素包括热负荷不足、在不同流动条件下的测试要求、高测试不确定度和非稳态条件等。

1998 年,Bowman[3] 研究了空气水冷器中管侧污垢对传热功率的影响。Bowman 的结论是,在空气水冷器中,管侧污垢与传热功率之间的相关性很弱。计算结果表明,管侧污垢可接受的数值是试验确定的数值的几倍,而传热率仅略有降低。根据文献[4]中报告的在 Calvert Cliffs 进行的试验,考虑管道材料、管道速度和管壁温度等因素的综合影响,确定渐进污垢值,若超过该值,生物微污垢不会继续增加。Bowman 指出,Hosterman[5] 曾提出用于确定核电站空气水冷器尺寸的典型热负荷计算中,包含过多的保守性,以提供额外的运行裕度。因此,Bowman 建议可重新分析空气水冷器,以采用基于渐进污垢值的污垢假设来预测空气水冷器在极限条件下的性能,并且此类分析与定期 dp 试验、定期检查和清洁(如需要)相结合,可满足 GL 89 – 13 的要求。

Bowman 的论文激发了人们对核电行业的兴趣,以至于美国电力研究院委托 Bowman 编写了 EPRI 第 1007248 号报告,替代了《空气 – 水热交换器的热性能测试与管侧检查》的规范[6]。该报告描述了一个实用的基本原理,根据该原理,业主可以证明对其有关空气水冷器的 GL 89 – 13 计划进行修订是合理的,该计划可以提供一个技术上更优越、成本效益更高的方案,以替代在空气水冷器上进行现有传热试验。由于这项 EPRI 倡议,许多核电站成功地修订了 GL 89 – 13 许可证的行动承诺,终止了对空气水冷器(如房间冷却器)进行定期传热试验。该报告针对安全壳空气冷却装置,指出管侧微污垢阻力可能是冷凝模式下运行的安全壳空气冷却装置总传热热阻的较大一部分,报告中建议的计算程序在技术上可能比传热试验更可靠。一些换热器在事故发生后通过冷凝蒸汽来限制安全壳压力,但许多拥有压水堆核电站的业主并没有对换热器进行传热试验。其中一些核电厂对空气水冷器定期进行维护,以代替测试;其他核电厂则进行定期流量和压差测试,以检测厂用水流量堵塞,并检查空气侧换热。在后一种情况下,测试程序通常依赖于文献[1]和[3]。

19.3　管侧污垢对换热速率的影响

对于事故后需要冷凝蒸汽的空气水冷器,冷凝模式下热侧的传热功率相当高。因此,管侧污垢是事故期间传热阻力的重要组成部分。但是,若不是在冷凝模式下进行测试,而是在热侧干燥空气的正常工作模式下测试,由于空气的传热功率很低,因此在试验中污垢在总传热热阻中所占的百分比要小得多,试验中任何引入的小误差都会导致管侧污垢的较大误差。通常,可用于为事故条件设计测试的空气水冷器的热负荷相对较小,热侧与冷侧的温度变化非常小。此外,试验通常在非稳态条件下进行,例如在反应堆停堆期间进行。因此,测试不确定度可能相当高。对于事故后冷凝蒸汽的空气水冷器,事故期间热侧的传热机理与试验期间完全不同,需要完全不同的算法来模拟热侧的传热热阻。因此,作为试验结果计算,并应用于事故条件的污垢分析不确定度,是这两种算法不确定度的函数。如果试验流量高于管侧的正常流量,则试验可能导致换热能力过剩,并且不能真正代表事故条件。

图 19.1 说明了管侧污垢对空气水冷器传热功率的影响。该图是使用第 17 章中描述的程序绘制的,但通过改变管侧出口温度,确定加入的变化对传热功率和污垢热阻的影响。热侧与管侧的面积比为 23:1。

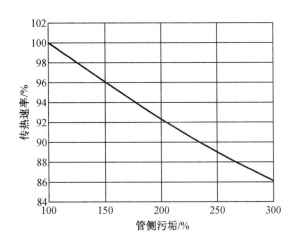

图 19.1　侧管污垢对空气水冷器换热速率的影响

如图 19.1 所示,将管侧污垢热阻增加 3 倍只会使传热率降低 14%。管侧污垢与换热率之间的弱相关性是因为总阻力由空气侧对流边界控制。

19.4　污垢的特性

美国管式换热器制造商协会(TEMA)建议,管侧河水流速低于3.0 ft/s (0.91 m/s)时的最小设计污垢值为0.002~0.003 h · ft² · ℉/Btu (0.000 35~0.000 53 m² · K/W),速度高于3.0 ft/s (0.91 m/s)时为0.001~0.002 h · ft² · ℉/Btu (0.000 18~0.000 35 m² · K/W)。然而,Taborek[8]指出,污垢速率也是管道材料和厂用水品质的函数。图19.2 给出了Taborek建议的污垢热组范围,覆盖了 TEMA 建议的河水污染率范围以及报告的数据[4,9]。Taborek[8]指出,$r_f = f(V^{-1.75})$。

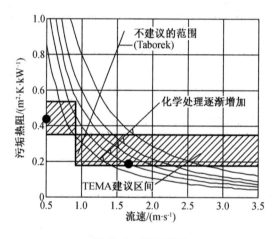

图 19.2　污垢热阻

19.5　渐进型污垢

Somerscale[10]将渐进型污垢描述为当管道首次暴露于厂用水时,传热阻力最初快速增加,但随后稳步下降,直到污垢热阻恒定。渐进型污垢是由生物微污染导致,而不是由沉积物或钙垢的堆积导致。

在图19.3 和图19.4 中,Nolan 和 Scott[4]给了带有90/10 型铜镍管的侧流换热器试验结果,其污垢是有机生物活性和无机沉积物的组合。试验数据与厂用水产生的流体剪切力呈反比例关系。根据厂用水的温度,在30~60 天内出现渐进型污垢。观察到的污垢的累积是可重复的。Nolan 和 Scott 报告中指出,对于90/10 型铜镍管,污垢层达到了一个最大平衡值,该值相对恒定,并且在给定的管速和温度范围内可重复。

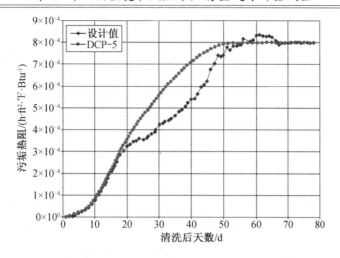

图 19.3　冬季污垢热阻(1 h · ft² · °F/Btu = 0.176 1 m² · K/W)

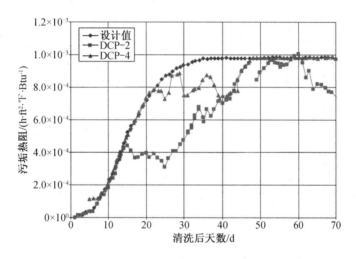

图 19.4　夏季污垢热阻(1 h · ft² · °F/Btu = 0.176 1 m² · K/W)

19.6　流量与压降测试

　　如 9.5 节所述,生物导致的微观污染逐渐接近一个极值,即使高速水流冲击导致污垢脱落、未及时清洁,这一极值的出现也不会超过某个确定的时间点。对于宏观污垢,情况并非如此(见第 6 章)。实际上,空气水冷器中传热能力损失的很大一部分可能是由于厂用水中常见的异物造成的宏观污垢。此外,由于空气水冷器的蛇形管结构和厂用水箱的不可接近性,管侧的检查和清洁非常困难。因此,文献[3]中提出的和文献[6]中建议的热传递试验的替代程序,要求核电站定期进行流量和压差试验,并定期对空侧进行检查和清洁,以满足 GL 89 - 13 的要求。

　　文献[6]中所述的适当流量和压降试验程序,要求首先通过对干净的换热器进行精确试验来确定渐进污垢值,该换热器具有相同的厂用水源,在相同的温度和进口速度范围内运行,并且具有与所讨论的空气水冷器相同的管材料,直到达到渐进污垢为止。在检查和清洁管侧后,应进行流量和压降试验,以确定清洁条件下的流量和压降基线。然后必须使用该渐进污垢值对空气水冷器进行重新分析,以证明空气水冷器可以在该污垢水平下执行其安全功能。

部分核电站采用的是另一种手段,对空气水冷器进行三次高质量的传热试验,以证明在空气水冷器达到渐进污垢的极值点、流量和压降下仍能执行其安全功能。这些试验后的测试仅需要检测空气侧的流量和压降,然后检查空气侧。应根据空气水冷器供应商规定的管侧压降和相关管道压降进行计算,以确定从入口到出口压力测量点的压降。如果先前的传热试验是确定渐进污垢点的基础,则应在最后一次传热试验期间或之后进行初始流量与压降试验,以将厂用水流量和管侧压降测量作为基线,并根据设计基准流量进行校正。与初始传热试验一样,后续的流量和压降试验必须考虑试验期间测量的流量和压降的不确定性。

应同时进行流量和压降试验,将结果校正为厂用水流量和压降参考点,以便进行趋势分析。通过空气水冷器的所有厂用水压降测量值,应将流量比的平方校正为设计基准流量,以便所有压降测量值均参考附合换热器的设计基准流量。试验流量应尽可能接近所需的设计基准流量,以将该修正中的误差降至最低。

流量和压降试验的关键性能参数是将流量和压降修正为设计基准厂用水流量。在允许一定数量的管堵塞的情况下,即使包括测试的不确定度,也可以实现成功的测试。将测得的校正压降与设计压降或清洗后测得的压降进行比较。空气水冷器管侧的校正压降加上试验不确定度,表示为堵塞管等效数量的函数,且不允许超过空-水换热器分析中的管堵塞标准。在进行下一次试验之前,应调整校正后的管侧压降,以确保检测到的任何渐进污垢不会导致压降超过验收标准。

试验结果包括不确定度分析,计算、趋势分析程序和结果,明确厂用水流量和管侧压降试验的结论,以便第三方能够审查,根据既定验收标准得出的最新结果应记录在永久性文件中。基于这些结果,可以为厂用水流量和管侧压降测试的频率建立坚实的技术基础。

如果可以证明厂用水流速大于或等于通过空气水冷器的设计基准流速,并且在考虑渐进污垢的管侧微污染时,宏观污染导致的可接受的管堵塞数量的情况下,空气水冷器就能够传输设计基准的热量,同时保持出风口温度低于设计基准值,厂用水处于设计基准温度。

19.7　流量与压降测试的不确定度

有关不确定度分析的详细信息,请参阅第16章,但温度和空气侧流量不适用于性能参数的计算方法。重点关注的性能参数是测量流量,以及根据设计基准厂用水流量调整的测量压降。测量参数(流量和压降)的不确定度通过以下公式计算:

$$u_{\%\,test} = \left[(\theta_{dP} u_{dP})^2 + (\theta_G u_G)^2 \right]^{1/2} \tag{19.1}$$

式中　$u_{\% \text{test}}$——测试不确定度的百分比；

$\quad\quad\theta_{dP}$——压降的百分比灵敏度；

$\quad\quad\theta_{c}$——流量的百分比灵敏度；

$\quad\quad u_{dP}$——测量压降的不确定度；

$\quad\quad u_{c}$——测量流量的不确定度。

灵敏度系数通常通过上下给定参数的少量扰动来计算,以确定变化对相关性能参数的影响。分析不确定度与试验不确定度相结合,得出总堵管不确定度。分析不确定度的来源包括达西方程、管侧对流系数(堵管并不影响壳侧流量,壳侧系数保持不变)和计算压降的不确定度。

$$u_{\% \text{Plugged}} = \left[(\theta_{\text{test}} u_{\text{test}})^2 + (\theta_{\text{an}} u_{\text{an}})^2 \right]^{1/2} \quad\quad (19.2)$$

式中　$u_{\% \text{Plugged}}$——堵管时的测试不确定百分比。

19.8　效　率　测　试

GL 89 – 13 规定,除 19.2 节所述要求外,AWHX 还需满足以下要求:在实际可获得的最大热负荷下,对运行的热交换器进行效率测试(例如,与验收测试一起进行)。试验结果应在非设计条件下进行修正,并验证设计散热能力。如上所述,应对结果进行趋势分析,以识别任何功能弱化的设备。

V. C. Summer 核电站在 2002 年至 2014 年,对其四台反应堆厂房冷却装置进行了四次传热试验。这些测试确定了渐进污垢值。

尽管 2014 年进行的传热试验结果表明,在事故条件下,反应堆厂房冷却装置的传热比所设计的热量高出 40% ~ 70%,但由于试验的高度不确定性,流量和压降的试验结果可信度并不高。因此,未来仅依赖流量和压降测试结果的程序将表明,一些反应堆厂房冷却装置可能无法通过测试,而传热测试则表明,所有反应堆厂房冷却装置都通过了测试,并留有余量。因此,需要一种更好的、简化的测试,以避免在未来进行费时费力的传热测试。进行传热试验的主要困难与准确测量空气侧温度和空气流量有关。因此,效率测试仅依赖于管侧流量和温度测量,同时利用传热测试结果显示的较大传热裕度。

在 2014 年 5 月 22 日进行的最后一次测试中,V. C. Summer 核电站还进行了流量和压降测试。这些测试的结果表明,在未来只进行基于 NTU 的效率测试,就能完全符合 GL 89 – 13 的要求。NTU 是一个无量纲的换热器热性能参数,当以冷流体作为参考时,由下式定义:

$$\text{NTU} = \frac{UA_{\text{h-eff}}}{m_{\text{c}} c_{p\text{-c}}} \quad\quad (19.3)$$

$$U = \frac{Q_{\text{c}}}{A_{\text{h}} \cdot \text{EMTD}} \quad\quad (19.4)$$

$$Q_{\text{c}} = m_{\text{c}} c_{p\text{-c}} (t_{\text{o}} - t_{\text{i}}) \quad\quad (19.5)$$

$$EMTD = \frac{\Delta t_1 - \Delta t_2}{\ln \dfrac{\Delta t_1}{\Delta t_2}} \tag{19.6}$$

$$\Delta t_1 = t_{s-i} - t_{t-o} \tag{19.7}$$

$$\Delta t_2 = t_{s-o} - t_{t-i} \tag{19.8}$$

式中 A_{h-eff}——壳侧有效传热表面积;

A_h——壳侧传热面积。

图 19.5 给出了根据反应堆厂房冷却装置试验计算的 EMTD 曲线图。先前的传热试验表明,EMTD 是冷侧流体传热量的线性函数。这是因为

$$Q = UA \cdot EMTD \tag{19.9}$$

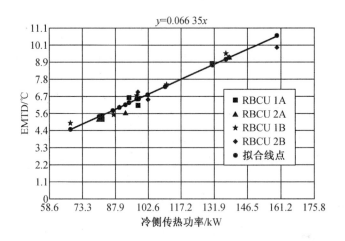

图 19.5 传热量与 EMTD 的关系

从式(19.10)可以得出所有反应堆厂房冷却装置的最佳一致性。

$$EMTD = 0.066\ 35Q_c \tag{19.10}$$

因此,可以根据冷侧传热速率确定未来某个给定反应堆厂房冷却装置的 EMTD。

与上一组同时进行传热试验和流量压降试验的反应堆厂房冷却装置试验结果相比,冷侧流体传热量和加权平均偏差小于 1%。综上,冷侧流通传热量是对实际传热量的一种精确测量。

NTU 方程中唯一要确定的剩余参数是 A_{eff}。可使用达西方程将流量和压降试验的压降,修正为与参考流量相对应的压降,如下所示:

$$\Delta p_{corrected} = \left(\frac{G_{reference}}{G_{test}}\right)^2 \Delta p_{test} \tag{19.11}$$

图 19.6 给出了通过反应堆厂房冷却装置的校正压降与未堵塞面积的百分比之间的关系。在计算 NTU 时,有效热侧面积计算如下:

$$A_{h-eff} = \%\ unplugged \times A_h \tag{19.12}$$

式中 % unplugged——未堵塞面积的百分比。

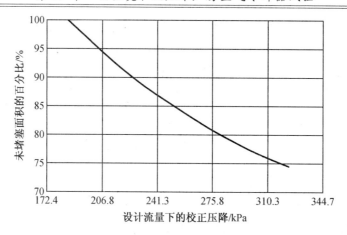

图 19.6　校正压降与未堵塞面积的百分比之间的关系

图 19.7 给出了如上所示计算中,在发生 LOCA 情况下,反应堆厂房冷却装置的传热量是 NTU 的函数。从图中可知,传热量基本上与 NTU 成正比。这并不是说 LOCA 条件下的 NTU 等于试验期间的 NTU,因为空气侧条件有很大的不同,只是性能与 NTU 成正比。某些未来试验的传热量可估算如下:

$$\left(Q^* - u^*\right)_{\text{future}} = \left(\frac{\text{NTU}_{\text{future}}}{\text{NTU}_{\text{test}}}\right)\left(Q^* - u_{\text{test}}^*\right) \tag{19.13}$$

式中　Q^*——参考事故工况下的传热量;

　　　u^*——参考事故工况下的传热量的不确定度。

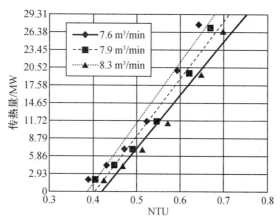

图 19.7　LOCA 事故工况下传热量与 NTU 的关系

GL 89 – 13 中附件 2 规定了美国核管会可接受的换热器试验程序。附件 2 规定:对所有换热器的冷却水流量和进出口温度进行监测与记录;对于空气水冷器,应进行效率试验,并针对非设计条件进行校正,验证设计排热能力。通过采用本节所述的程序,基于以下原因,利用 NTU 参数的流量和压降测试进行效率测试:

(1)本节已证明,反应堆厂房冷却装置的 NTU 仅根据流量和压降试验的结果计算;

(2)根据参考事故条件外推的传热量与 NTU 成正比;

（3）根据随后的流量和压差试验确定反应堆厂房冷却装置的 NTU 变化,可以确定事故条件下外推传热量的变化。

因此,本节提出的程序通过利用流量和压降试验,以及 NTU 换热器性能参数来检测由于管侧污垢导致的反应堆厂房冷却装置性能恶化,完全满足各方面的要求。

19.9 核工业的应用

文献[6]指出,为了配合2000年美国电力机械所进行的调查,许多公司已经放弃了对空气水冷器进行的传热测试,而是实施了打开、检查和清洁空气水冷器的厂用水,这可能不会增加安全性。由于美国电力研究所的倡议,许多核电站成功地修订了 GL 89 - 13 许可证的承诺,停止了对某些空气水冷器进行定期传热试验。

19.10 本 章 实 例

2002 年6月至2014年5月,V. C. Summer 核电站对所有四台反应堆厂房冷却装置进行了传热试验。换热器的结构参数可在 17.11 节的示例中查询。表 19.1 ~ 表 19.4 给出了部分传热试验的结果。

表 19.1　V. C. Summer 核电站反应堆厂房冷却装置 1A 传热试验结果

内容	变量	单位	2002 - 06 - 03	2005 - 05 - 28	2008 - 06 - 06	2014 - 05 - 22
空气体积流量	V	m^3/s	54	58	57	53
测量厂用水流量	G_c	L/s	42	80	80	80
冷侧进口水温	t_i	℃	23.10	21.86	23.75	24.11
冷侧出口水温	t_o	℃	27.37	24.19	25.69	27.23
热侧空气进口温度	T_i	℃	38.94	36.22	35.84	44.69
热侧空气出口温度	T_o	℃	26.52	24.42	25.95	27.83

表 19.2　V. C. Summer 核电站反应堆厂房冷却装置 2A 传热试验结果

内容	变量	单位	2002 - 06 - 03	2005 - 05 - 28	2009 - 12 - 07	2014 - 05 - 22
空气体积流量	V	m^3/s	55	57	51	53
测量厂用水流量	G_c	L/s	43	78	80	79
冷侧进口水温	t_i	℃	22.98	21.91	23.76	23.82

表 19.2(续)

内容	变量	单位	2002 - 06 - 03	2005 - 05 - 28	2009 - 12 - 07	2014 - 05 - 22
冷侧出口水温	t_o	℃	27.27	24.18	25.68	27.17
热侧空气进口温度	T_i	℃	39.42	36.45	36.58	45.84
热侧空气出口温度	T_o	℃	26.51	24.34	25.77	27.61

表 19.3 V. C. Summer 核电站反应堆厂房冷却装置 1B 传热试验结果

内容	变量	单位	2002 - 06 - 03	2005 - 05 - 28	2009 - 12 - 07	2009 - 12 - 08	2014 - 05 - 22
空气体积流量	V	m^3/s	55	55	54	55	49
测量厂用水流量	G_c	L/s	38	80	83	40	80
冷侧进口水温	t_i	℃	23.01	21.81	15.42	27.99	24.64
冷侧出口水温	t_o	℃	27.86	23.88	17.94	31.27	27.92
热侧空气进口温度	T_i	℃	38.87	34.93	33.59	40.13	46.64
热侧空气出口温度	T_o	℃	26.87	24.14	18.32	30.45	28.68

表 19.4 V. C. Summer 核电站反应堆厂房冷却装置 2B 传热试验结果

内容	变量	单位	2002 - 06 - 03	2005 - 05 - 28	2008 - 06 - 06	2014 - 05 - 22
空气体积流量	V	m^3/s	56	56	53	52
测量厂用水流量	G_c	L/s	37	79	81	83
冷侧进口水温	t_i	℃	22.98	21.80	23.58	24.67
冷侧出口水温	t_o	℃	28.03	23.97	26.01	28.35
热侧空气进口温度	T_i	℃	39.14	36.02	39.56	57.53
热侧空气出口温度	T_o	℃	27.02	24.21	26.04	29.01

表 19.5 ~ 表 19.8 给出了使用第 17 章所述方法计算得出的结果。

表 19.5 V. C. Summer 核电站反应堆厂房冷却装置 1A 计算结果

内容	变量	单位	2002 - 06 - 03	2005 - 05 - 28	2008 - 06 - 06	2014 - 05 - 22
盘管水流量	m_c	kg/s	5.26	10.03	10.02	9.99
热侧工质流量	m_h	kg/s	7.67	8.37	8.12	7.33
冷侧传热功率	Q_c	kW	94.02	98.07	81.65	130.82
平均传热功率	Q_{ave}	kW	94.59	98.58	81.58	126.49
热平衡偏差	HBE	%	1.74	1.20	- 1.22	- 5.31
有效平均温差	EMTD	℃	6.61	6.06	5.14	8.79
总传热系数	U_{test}	$W/(m^2 \cdot K)$	52.8	59.6	58.5	52.8

表 19.6 V. C. Summer 核电站反应堆厂房冷却装置 2A 计算结果

内容	变量	单位	2002 - 06 - 03	2005 - 05 - 28	2008 - 12 - 07	2014 - 05 - 22
盘管水流量	m_c	kg/s	5.43	9.72	10.00	9.86
热侧工质流量	m_h	kg/s	7.76	8.20	7.32	7.30
冷侧传热功率	Q_c	kW	97.61	92.28	80.48	138.31
平均传热功率	Q_{ave}	kW	98.88	91.22	80.40	134.59
热平衡偏差	HBE	%	3.01	- 2.20	- 1.19	- 3.40
有效平均温差	EMTD	℃	6.90	5.66	5.20	9.23
总传热系数	U_{test}	W/(m² · K)	52.8	59.6	56.8	53.9

表 19.7 V. C. Summer 核电站反应堆厂房冷却装置 1B 计算结果

内容	变量	单位	2002 - 06 - 03	2005 - 05 - 28	2009 - 12 - 07	2009 - 12 - 08	2014 - 05 - 22
盘管水流量	m_c	kg/s	4.80	9.98	10.39	4.96	9.99
热侧工质流量	m_h	kg/s	8.08	8.01	7.85	7.93	6.91
冷侧传热功率	Q_c	kW	97.44	86.62	109.45	67.93	136.90
平均传热功率	Q_{ave}	kW	97.44	86.72	115.50	73.10	127.69
热平衡偏差	HBE	%	0.01	0.25	8.69	11.90	- 9.83
有效平均温差	EMTD	℃	6.75	5.54	7.47	4.94	9.47
总传热系数	U_{test}	W/(m² · K)	53.4	57.4	56.8	53.9	49.4

表 19.8 V. C. Summer 核电站反应堆厂房冷却装置 2B 计算结果

内容	变量	单位	2002 - 06 - 03	2005 - 05 - 28	2008 - 06 - 06	2014 - 05 - 22
盘管水流量	m_c	kg/s	4.62	9.81	10.07	10.34
热侧工质流量	m_h	kg/s	8.31	8.06	7.42	7.24
冷侧传热功率	Q_c	kW	97.68	89.30	102.39	159.25
平均传热功率	Q_{ave}	kW	98.88	92.73	101.47	144.39
热平衡偏差	HBE	%	3.52	6.58	- 1.64	- 18.16
有效平均温差	EMTD	℃	6.91	5.92	6.42	9.87
总传热系数	U_{test}	W/(m² · K)	52.8	57.9	57.9	53.9

正如 19.8 节中图 19.5 所示,传热试验表明有效平均温差是冷侧流体传热功率的线性函数。确定 NTU 所需的最后信息是有效传热面积,即 A_{h-eff},该面积是在最终传热试验的同时,开展流动和压降试验获得的。

图 19.6 中,未堵管的百分比与压降的二次拟合关系为

$$\% \ unplugged = 0.000\ 005\ 9(dP)^2 - 0.004\ 835\ 6(dP) + 1.693$$

因此,压降为 232.15 kPa 时,采用上式计算得出未堵管面积所占的百分比为 88.8%。

$$A_{\text{h-eff}} = A_{\text{h}} \cdot \% \text{unplugged} = 271.7 \times 0.888 \approx 241.3 \, (\text{m}^2)$$

需要注意的是,计算的有效平均温差 EMTD 与 2014 年 5 月 22 日反应堆厂房冷却装置 1A 传热试验数据计算的 EMTD 略有不同。这种差异应该是无关紧要的,采用相同的方程式用于未来的测试即可。因此有

$$U = \frac{Q_{\text{c}}}{A_{\text{h}} \cdot \text{EMTD}} = \frac{130\,820}{271.7 \times 8.68} \approx 55.47 \, (\text{W}/(\text{m}^2 \cdot \text{K}))$$

$$\text{NTU} = \frac{UA_{\text{h-eff}}}{m_c c_{p-c}} = \frac{55.47 \times 241.3}{9.99 \times 4.180 \times 10^3} \approx 0.32$$

因此,针对某些未来的试验,传热功率可估算如下:

$$(Q^* - u^*)_{\text{future}} = \frac{\text{NTU}_{\text{future}}}{\text{NTU}_{\text{test}}} (Q^* - u_{\text{test}}^*)$$

对于 2014 年 5 月 22 日进行的反应堆厂房冷却设施 1A 的试验,计算了设计基准 LOCA 条件下的传热功率,减去试验不确定度 39 028 W,其中要求值为 26 560 W,裕度为 47%。在设计基准 LOCA 条件下,减去 2006 年 6 月 6 日进行的试验不确定性,相应的计算传热率仅为 29 827 W,因此可以发现在这段时间内及时对换热器进行了清洗。这表明,通过使用本书讨论的算法,将 2006 年 6 月 6 日进行的试验计算传热功率与 2014 年 5 月 22 日的计算传热功率进行比较是有用的。遗憾的是,在 2006 年 6 月 6 日的测试中没有进行压降测试。表19.9 给出了 2014 年 5 月 22 日进行的反应堆厂房冷却设施 1A 试验结果与一些未来试验结果之间的假设比较,其中外推传热功率的计算参见本章所列公式。

表 19.9　2014 年 5 月 22 日反应堆厂房冷却设施 1A 效率计算结果与假设未来试验的比较

内容	变量	单位	2014－05－22	未来试验
盘管水流量	m_{c}	kg/s	9.99	9.98
管侧比定压热容	c_{p-c}	kJ/(kg·K)	4.180	4.180
厂用水进口水温	t_{i}	℃	24.11	24.89
厂用水出口水温	t_{o}	℃	27.23	27.06
冷侧测试传热功率	$Q_{\text{test-c}}$	kW	130.28	90.52
热侧传热面积	A_{h}	m²	271.7	271.7
有效平均温差	EMTD	℃	8.68	6.01
总测试传热系数	U_{test}	W/(m·K)	55.5	55.5
2 000 gal/min(7.57 m³/min)流量下压降	dp	kPa	232.15	242.76
堵管比率	—	%	88.80	86.64
有效换热面积	$A_{\text{h-eff}}$	m²	241.3	235.4
传热单元数	NTU	—	0.32	0.312
外推 LOCA 传热功率不确定性	$Q^* - u^*$	kW	39.028	38.090

本章参考文献

[1] Stambaugh, N, W. Jr. Closser, and F. J. Mollerus, Heat Exchanger Performance Monitoring Guidelines, EPRI Report NP-7552, Electric Power Research Institute, Palo Alto, CA, 1991.

[2] Stambaugh, N, and W. Closser, ASME OM-S/G 1994, Standard Part 21, ASME, 1994.

[3] Bowman, C. F, Infuence of Water-Side Fouling on Air-to-Water Heat Exchanger Performance, *Proceedings of the American Power Conference*, Vol. 60, 1998.

[4] Nolan, C. M. and B. H. Scott, On Line Monitoring of Heat Exchangers Microfouling: An Alternative to Thermal Performance Testing, *Proceedings of the EPRI SW Reliability Improvement Seminar*, Electric Power Research Institute, Palo Alto, CA, 1995.

[5] Hosterman, E. W., Reclaiming Heat Exchanger Design Margin: An Analytical Approach, *Proceedings of the EPRI SW Reliability Improvement Seminar*, Electric Power Research Institute, Palo Alto, CA, 1994.

[6] Bowman, C. F, EPRI Report No. 1007248, Alternative to Thermal Performance Testing and/or Tube-Side Inspections of Air-to-Water Heat Exchangers, Electric Power Research Institute, Palo Alto, CA, 2002.

[7] Bell, K. J, Standards of the Tubular Exchange Manufacturers Association (TEMA), 7th ed., New York, 1988.

[8] Taborek, J., Assessment of Fouling Research on the Design of Heat Exchangers, *Proceedings of the Fouling Mitigation of Industrial Heat Exchangers Conference*, Shell Beach, CA, 1995.

[9] Zelver, N, W. G. Characklis, J. A. Robinson, F. L. Roe, Z. Dicic, K. Chapple, and A. Ribaudo, Tube Material, Fluid Velocity, Surface Temperature and Fouling: A Field Study, CTI Paper TP-84-16, Cooling Tower Institute, Houston Texas, 1984.

[10] Somerscales, E. F. C., Fouling of Heat Transfer Surfaces: A Historical Review, *Heat Transfer Engineering*, vol. 11, no. 1, 1990, pp. 19-36.

第 20 章　核电站功率提升

20.1　概　　述

许多业主成功地提高了功率水平,使核电站的汽轮发电机组电力输出增加,但核燃料以外的运行成本没有显著增加,核电站设备也只做了少量改动。这些功率提升分为以下两类:

(1)根据美国核管会 10CFR50 文件中的附录 K,当采用改进的技术测量给水流量时,允许小于 2% 的小幅度功率提升来使用预留的 2% 的功率裕度。该功率提升不需要增加许可的反应堆功率。

(2)通过利用改进的核蒸汽供应系统事故分析计算机程序来减少原设计中的裕度,导致反应堆功率增加 2% 以上的重大升级。

虽然沸水堆和压水堆核电站的主要功率升级都取得了成功,但沸水堆核电站的功率增长幅度较大。

20.2　Watts Bar 核电站概述

Watts Bar 核电站是一个压水堆电站,最初许可在 3 475 MW 蒸汽发生器功率下运行(蒸汽发生器功率是反应堆功率加上主泵的热量)。汽水循环包括一个六流道串联复合式蒸汽透平,带有一个单通道、多压力、多壳体主凝汽器(类似于图 6.5,但有三个区域)和七级给水回热器,以及一个位于第一级给水加热器中用来凝结汽轮给水泵乏汽的单独凝汽器(参见 7.1 节)。给水加热第一级和第五级的疏水(分别指定为 7 号和 3 号加热器)向前泵送(注意:与大多数核电站不同,田纳西河流域管理局将 Watts Bar 核电站中的给水加热器从最高压力向下编号,顶部的给水加热器指定为 1 号)。冷凝水从主凝汽器分三级泵送至两个汽轮给水泵吸入口,在启动时则使用额外的电动给水泵。散热系统由一个自然通风冷却塔组成,并由来自 Watts Bar 坝内的水对循环水进行补充。

20.3 功率提升的方法

2002 年，Bowman 等[1]报告了在 Watts Bar 核电站进行的功率提升研究，以评估主要汽水循环设备满足系统要求的能力，并确定对电厂汽水循环及辅助配套系统的要求及影响（本次试验在冬季、夏季将蒸汽发生器功率提至高达 3 816 MW）。其研究范围不仅包括非安全相关的汽水循环系统，还包括与安全相关的电厂机械配套系统、厂用水系统等。本章研究内容仅涉及汽水循环系统。

在进行电力升级研究时，通常的做法是开发电力系统效率的参考性能评估(PEPSE)计算机模型（来自 Scientech，Curtis - Wright 核电公司的一个分部），以原始 SG 功率为基础，并根据原始设计与升级条件下的差异来评估汽水循环系统参数。这种方法忽略了应考虑的实际电厂条件，包括设备运行偏差。在 Watts Bar 核电站，作者开发了汽水循环设备评估 Excel 工作簿[2]，以便于比较 PEPSE 模型预测的状态点值和电厂测量的状态点值，并根据主凝汽器、汽水分离再热器、给水加热器周围的简单质量和能量平衡，计算其他参数以及核电站的实测数据。汽水循环设备评估工作簿从 PEPSE 热平衡计算中获取焓、疏水量、泄漏流量及排汽湿度等参数。

监测试验在极端的夏季和冬季进行。下载实际电厂的数据，取平均值并检查一致性，然后加载到汽水循环设备评估 Excel 工作簿中。通过建立 PEPSE 模型，用于在监督试验期间确定运行的边界条件，包括反应堆功率、蒸汽发生器压力、高压透平节流压力、主凝汽器压力和蒸汽发生器排污。当比较汽水循环设备评估 Excel 工作簿和 PEPSE 模型中的数据时，能够确定设计值和实际值之间的百分比方差。在功率提升条件下，对这些 PEPSE 热平衡模型应用相同的百分比方差，以将 PEPSE 热平衡状态点值校正到预期的实际操作条件。实际电厂数据与 PEPSE 模型之间的差异包括：

(1)主蒸汽管道压降小于设计值，使得截止阀处的计算主蒸汽压力大于 PEPSE 值。

(2)高压透平的第一级压力明显大于 PEPSE 值。

(3)测得的高压透平排汽压力低于 PEPSE 的预测值。

(4)再热压降小于 PEPSE 预测值，导致低压透平进口压力高于 PEPSE 的预测值。

(5)由于再热器性能差，进入低压透平的预期温度低于 PEPSE 的假设温度。

(6)由于 Watts Bar 核电站凝汽器热井的独特结构，PEPSE 的热井温度结果偏低。

(7)受主凝汽器热井温度的影响，PEPSE 低估了自凝水至第三级给水加热器间的凝结水温度。

通过建立凝水和给水系统的水力模型，评估给水、凝水和加热器疏水泵的流量、压力和可用裕度的变化。针对一系列蒸汽发生器功率水平，评估了每个组件的可用裕度。通过上述分析，确定了实施功率提升可能需要的修改。

20.4　功率提升对泵的影响

图 20.1 ~ 图 20.3 给出了所示蒸汽发生器功率水平下主给水泵、3 号和 7 号给水加热器疏水泵的可用汽蚀余量。冬季容易出现汽蚀余量限制,这是由于主冷凝汽器压力降低导致凝水温度降低,从而从低压透平中抽出更多抽汽。

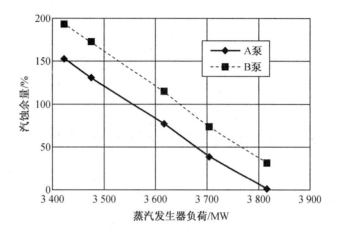

图 20.1　冬季工况下的主给水泵汽蚀余量

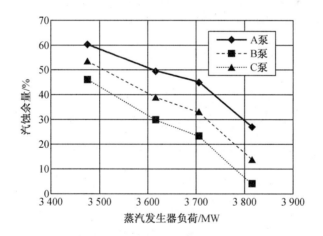

图 20.2　冬季工况下的 3 号给水加热器疏水泵汽蚀余量

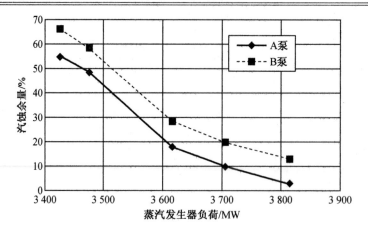

图 20.3　冬季工况下的 7 号给水加热器疏水泵汽蚀余量

20.5　功率提升对换热器的影响

图 20.4 给出了夏季条件下进出主冷凝汽器的预计温度。图 20.5 给出了夏季条件下主汽轮给水泵透平所需的蒸汽流量。夏季设计的主汽轮给水泵透平凝汽器负荷随着蒸汽发生器功率水平的增加而不成比例地增加。这种现象不仅是由功率水平的增加和给水流量的增加导致的,还包含需要较高的给水压头等原因。主凝汽器凝水温度的升高以及工作负荷的增加,导致主汽轮给水泵透平背压增加,需要消耗更多的蒸汽。因此,在较高的蒸汽发生器功率水平下,动力蒸汽的来源必须从热再热蒸汽(汽水分离再热器后)变为主蒸汽。

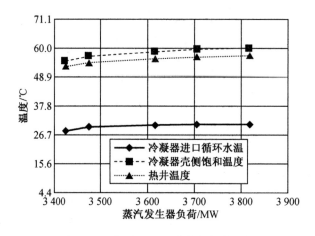

图 20.4　夏季工况下的主凝汽器温度

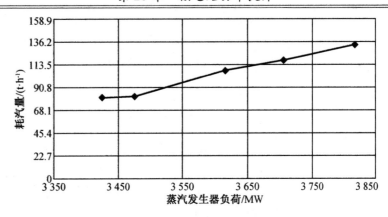

图 20.5　夏季工况下的主汽轮给水泵耗汽量

　　总体来说,随着热功率的增加,汽水分离再热器和给水加热器各级所需的换热率增加,换热器端差和疏水冷却器末端温差略有增加。这一趋势的特殊情况是 7 号和 6 号给水加热器,在夏季运行期间受主给水泵、凝汽器性能的影响较小。随着热功率的增加,每个给水加热器的效率略有降低,因为每个给水加热器中相同的总表面积下需要更多的传热(参见第 7 章)。

　　图 20.6 给出了夏季在 82% PF 工况下运行主凝汽器的压力。凝汽器压力的增加主要是由于通过主凝汽器的换热增加,而不是来自自然通风冷却塔的冷水温度增加。这是因为对于自然通风冷却塔而言,冷水温度仅受到进入冷却塔的热水温度的轻微影响。

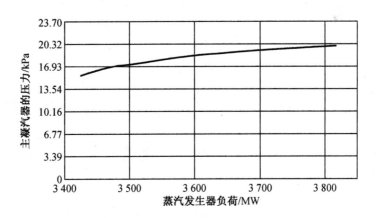

图 20.6　夏季在 82%FP 工况下运行主凝汽器的压力

20.6 功率提升结果

表20.1给出了蒸汽发生器热负荷水平所需的汽水循环系统的修改。

表20.1 功率提升所需进行的修改

3 616 MW	3 716 MW	386 MW
(1)更换高压透平; (2)全年运行电动主给水泵; (3)更换7号加热器疏水阀	(1)更换高压透平; (2)全年运行电动主给水泵; (3)更换7号加热器疏水阀; (4)安装低压透平叶片监测系统; (5)主汽轮给水泵汽蚀余量低时机组自动负荷恢复	(1)更换高压透平; (2)全年运行电动主给水泵; (3)更换7号加热器疏水阀; (4)安装低压透平叶片监测系统; (5)主汽轮给水泵汽蚀余量低时机组自动负荷恢复; (6)更换编号C的低压透平转子

表20.2给出了每个蒸汽发生器热负荷水平下汽轮发电机组输出的增加。

表20.2 功率提升导致的汽轮发电机组输出的增加

反应堆功率	3 616 MW	3 716 MW	386 MW
冬季工况	46.7	74.9	114.2
夏季工况	43.6	70.8	108.6

20.7 本 章 算 例

参考20.5节与图20.7计算所需的汽轮给水泵透平蒸汽流量和汽轮给水泵透平凝汽器冷凝水出口温度。图中焓值参数由电力系统效率性能评价程序得出。

$$W = g\frac{GH\rho}{1\,000\,\eta_{pump}} = 9.806 \times \frac{2\,468.5 \times 678.8 \times 853}{1\,000 \times 0.9} \approx 15\,573\,000\,(\text{W})$$

$$m_{HRH} = \frac{W/1\,000}{h_{HRH} - h_{MFPT-Exh}} = \frac{15\,573\,000 \div 1\,000}{2\,985.5 - 2\,550.5} \approx 35.8\,(\text{kg/s})$$

$$Q_{duty} = m_{steam}(h_{exhaust} - h_{drain}) = 35.8 \times (2\,550.5 - 321.3) \approx 79\,810\,(\text{kW})$$

$$Q_{duty} = m_{cond}(h_{cond-o} - h_{cond-i})$$

$$h_{cond-o} = \frac{m_{cond}h_{cond-i} + Q_{duty}}{m_{cond}} = \frac{1\,198 \times 235.9 + 79\,810}{1\,198} \approx 302.52\,(\text{kJ/kg})$$

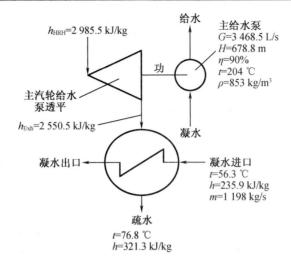

图 20.7　主汽轮给水泵及其凝汽器

查询水和水蒸气物性参数,出口温度为 72.1 ℃ 。

本章参考文献

［1］ Bowman, C. F., et al, Evaluation of Turbine Cycle Systems for a Reactor Power Uprate at the Tennessee Valley Authority's Watts Bar Nuclear Plant, *Proceedings of the Electric Power Research Institute Thermal Performance Improvement Seminar*, 2002.

［2］ Bowman, C. F, Turbine Cycle Equipment Evaluation (TCEE) Workbook, Electric Power Research Institute Product ID 3002005344, 2015.